Silvia Decanini

Cocina Tamaulipeca

Silvia Decanini

Cocina Tamaulipeca

Las empanadas de jaiba y camarón

JustFiction Edition

Imprint

Cover image: www.ingimage.com

Publisher:
JustFiction! Edition
is a trademark of
International Book Market Service Ltd., member of OmniScriptum Publishing Group
17 Meldrum Street, Beau Bassin 71504, Mauritius
Printed at: see last page
ISBN: 978-620-0-49493-1

COCINA
TAMAULIPECA

COCINA
TAMAULIPECA

Selección de recetas de la Cocina Regional recopiladas
por un grupo de señoras y señoritas de la ciudad de Tampico
y de diferentes regiones del Estado de Tamaulipas.

Aumentada con una serie de recetas modernas
que se pueden confeccionar con los exquisitos pescados,
mariscos y demás productos de la región.

Por Josefina Velázquez de León

Pinceladas tamaulipecas

Por: C. de la Garza

Tamaulipas, cuya etimología más corriente en la lengua huasteca es "LUGAR DONDE HAY MONTES ALTOS", es un estado fronterizo del norte de la República Mexicana. Estuvo habitado por los indios Tamaholipas y fue evangelizado en 1532, (al año siguiente de las apariciones de Nuestra Señora de Guadalupe) por Fray Andrés de Olmos, Religioso de la Orden de San Francisco, quien fundó la Primera Custodia en el Pánuco con el nombre de San Luis de Tampico.

Más tarde, en 1746, el Virrey de la Nueva España Don Juan Francisco de Güemes y Horcasitas, Primer Conde de Revillagigedo, comisionó al Coronel Don José de Escandón y Herguera, nombrado después Conde de Sierra Gorda, para la conquista, pacificación y colonización de esta región inmensa.

Está enmarcado, con blancuras de Hostia, por sus algodonales en el Norte, y la riqueza de su oro negro, por el sur.

Admirado por la belleza de su mar, es visitado por una corriente de turismo atraída por sus hermosas y abiertas playas. Su litoral ocupa el tercer lugar en el mundo por su abundante pesca y la espléndida variedad de sus mariscos, viniendo éstos a constituir una fuente de riqueza, a la vez que un atractivo poderoso para quienes gustan de disfrutar la buena mesa.

Sus principales producciones las encontramos descritas en estos preciosos versos de sabor regional:

> *"Dios con su mano amorosa nos reparte sin desdoros*
> *algodón en Matamoros, petróleo y gas en Reynosa,*
> *ciudad rica y animosa es Tampico, cual edén,*
> *tiene el mar como sostén... y vamos siempre adelante!*
> *con las cañas en El Mante y en Victoria el Henequén".*

Ni el amor, ni la vida,
ni el sabor del platillo tamaulipeco
tienen duración.

La comida tamaulipeca tiene una belleza irrefutable
En su sabor que nos muestra la fugacidad de la vida
al terminar su exquisito sabor en los paladares

En nuestra familia ha sido un recurso eficiente
para expresar en síntesis ideal,
el placer de su aroma, sabor y forma
en todas las etapas de la vida y generaciones.

La idea de esta reedición es una labor que de alguna manera
heredamos de mi mamá Esther Terán Ochoa
quien obsequio a Solange, mi hija, el libro inicial de recetas
que envejecido por el tiempo ha sido enriquecido
y modificado por los nuevos paladares.

Por ejemplo, las empanaditas de camarón se convirtieron
en un símbolo de la familia que sin modificar la receta,
la presentación se mejora a la hora de la preparación.

Así se viene enriquecido por cada quien las ideas de antaño.
Solange, Campana, Burbuja, Federico y Eduardo
Estuvieron todos de acuerdo con compartir esta publicación.

Silvia Decanini

Tabla de medidas

Para facilitar la tarea del ama de casa, damos a continuación lo más aproximado posible el equivalente en pesos, de los ingredientes usados más frecuentemente en cucharadas y tazas, para evitar tiempo y energía al estar pensando cada ingrediente que se necesita; se encuentran en el comercio tazas y cucharitas especiales para medir; no entiendo estas piezas especiales, se entiende por cucharada la grande que se usa para la sopa, la taza debe ser de capacidad de ¼ de litro o sea ¼ de "cuartillo"; se sobrentiende que todas estas medidas deben hacerse a nivel del borde de los recipientes.

1 Taza de azúcar granulada	225 gramos
1 Taza de azúcar pulverizada	170 gramos
1 Taza de azúcar morena	170 gramos
1 Taza de harina o maizena	115 gramos
1 Taza de manteca o mantequilla	225 gramos
1 Taza de almendras sin cáscara	140 gramos
1 Taza de coco rallado	115 gramos
1 Taza de nueces picadas	115 gramos
1 Taza de pasas	140 gramos
1 Taza de huevos	5 huevos
1 Taza de claras	8 claras
1 Taza de yemas	16 yemas

Proporciones para usar el polvo de hornear Royal en diferentes alturas sobre el nivel del mar

En el nivel del mar se usa más cantidad de polvo de hornear y de azúcar, conforme sube el nivel del mar se rebajan estos ingredientes en la siguiente proporción:

Ejemplo: En el nivel del mar una pasta lleva 300 gramos de azúcar, 3 cucharaditas de polvo de hornear Royal.

A 1,000 metros sobre el nivel del mar, la misma pasta debe llevar:
250 gramos de azúcar
2 cucharaditas de polvo de hornear Royal

A 2,000 metros sobre el nivel del mar, la misma pasta debe llevar:
200 gramos de azúcar
1¼ cucharaditas de polvo de hornear Royal.

Sobre estas bases se proporcionan todas las pastas.

COCKTAILS y ENTREMESES

1. Cocktail Petroleos

Sra. María Antonia Alanis Vda. de Salazar

En un vaso tequilero se pone un poquito de sal, lo que se toma con la punta de una cucharita; se le agrega una cucharadita de salsa Maggie y una cucharadita de jugo de limon. Enseguida se llena el vaso de tequila.

2. Cocktail de Abulón

Sra. María J. de Peña Vela

Ingredientes:

1 lata de abulón,
1 cebolla grande,
1 tomate grande, (jitomate)
3 chiles jalapeños verdes,
1 ramita de cilantro,
1 limón,
3 cucharaditas de aceite de oliva,
2 pimientos morrones o aceitunas rellenas para adorno.

Manera de hacerse:

Se cortan en pedacitos el abulón, la cebolla, el jitomate, los chiles y el cilantro, se mezcla bien, se les agrega el jugo de limón y el aceite. Se sirve en copitas cockteleras, se adornan con aceitunas o con pimientos morrones, se toma con galletas saladas.

3. Cocktail fresco

Sra. Lucía S. de Díaz Infante

Ingredientes:

½ pepino helado,
1 manzana,
1 mango,
1 plátano,
1 zanahoria picada,
3 hojas de lechuga picada,
3 rebanadas de melón,
4 dátiles,
azúcar al gusto,
3 naranjas para adorno.

Manera de hacerse:

Se muelen todos los ingredientes en la licuadora, agregándoles el agua necesaria para que se puedan moler bien, después se endulzan al gusto, agregándole un poco más de agua para que no quede muy espeso, se pone a helar, se sirve en copas cockteleras, se les adorna poniendo en el filo de cada copa un triangulito de naranja.

4. Camarones con capote

Sra. Consuelo Bosque deAsomoza

Ingredientes:

½ kilo de camarón gigante,
1 caja de Corn Flakes,
100 gramos de mantequilla,
6 limones,
1 latita de leche Clavel,
sal y pimienta.

Manera de hacerse:

Los camarones crudos se limpian perfectamente, quitándoles la cabeza, se enjuagan en varias aguas, se les pone jugo de limón, sal y pimienta.

Se hace una abertura enmedio a lo largo, sin que se desprendan las dos mitades, se mojan en la leche y se cubren con Corn Flakes molidos de antemano en la licuadora, se doran en la mantequilla.

Se colocan en un platón, adornándose con rebanadas de limón en la orilla.

5. Plato frío para entremeses

Sra. Antonia G. de Espinosa

Ingredientes:

½ kilo de macarrón,
1 cebolla,
1 lata de salmón,
2 dientes de ajo,
¼ de litro de mayonesa
1 latita de pimientos morrones,
5 chiles jalapeños,
150 gramos de galletas saladas,
sal y pimienta

Manera de hacerse:

El macarrón se pone a cocer en dos litros de agua hirviendo, con la cebolla, los dientes de ajo, sal y pimienta; ya cocido se escurre bien y cuando enfría se le agrega el salmón en trocitos, la mayonesa, los chiles jalapeños y los pimientos morrones cortados en tiras; se sazona con sal y pimienta. Se sirve con las galletas saladas.

CALDOS y SOPAS

6. Caldo de jaiba a la tampiqueña

Sra. Consuelo Guzmán deMartínez

Ingredientes:

9 jaibas frescas,
¼ de kilo de tomate (jitomate),
1 cebolla grande
2 ramas de cilantro,
¼ de kilo de papas,
4 cucharadas de aceite,
cominos, sal y pimienta.

Manera de hacerse:

A las jaibas se les quitan las patas, dejándoles únicamente las antenas, se parten a la mitad y se les despegan las tenazas, se limpian muy bien tallándose con una escobeta; a las tenazas se les dan unos golpes para poder romperles la cáscara; En el aceite se fríe la cebolla rebanada, se agregan los tomates, (jitomates) molidos con los cominos y colados; ya que está bien frito se mezcla con la jaiba y su caldo, se agrega el cilantro, sal, pimienta y las papas cortadas en cuadritos; se deja hervir hasta que las papas están cocidas.

7. Sopa de mariscos

Sra. Josefa G. de DelAngel

Ingredientes:

½ kilo de jitomate,
1 latita de almejas,
3 papas grandes,
2 huevos cocidos,
6 cucharadas de aceite,

40 gramos de pan blanco cortado en cuadritos,
yerbas de olor.

Manera de hacerse:
Se pone al fuego una cacerola con 3 litros de agua y las yerbas de olor; cuando empieza a hervir se le ponen los mariscos ya limpios; cuando están cocidos se le ponen los ajos, la cebolla y el jitomate, que se habrán molido y frito en 3 cucharadas de aceite; se añaden también las papas cocidas y rebanadas, los huevos cocidos rebanados, y los cuadritos de pan fritos en el aceite restante.

8. Caldo de jaiba de la región

Sra. Concepción V. de Romero

Ingredientes:
12 jaibas grandes,
2 tomates, (jitomates),
1 chile de color (ancho),
3 dientes de ajo,
50 gramos de masa de maíz,
1 rama de epazote,
5 cucharadas de aceite,
1 limón

Manera de hacerse:
Las jaibas se limpian muy bien, se dejan reposar en agua fría a que las cubra bien; en el aceite se fríe el chile de color, remojado, molido con el tomate (jitomate), los dientes de ajo y pimienta al gusto, se agregan las jaibas y el agua que las cubre; se deja hervir hasta que las jaibas están cocidas; se espesa con la masa que se disuelve en un poco del mismo caldo, se agrega el epazote, se deja dar unos hervores y se sirve muy caliente poniéndole limón al gusto.

9. Sopa tampiqueña

Sra. Mercedes A. de Mondragón

Ingredientes:

¼ de kilo de fideo,
100 gramos de tomate (jitomate),
4 cucharadas de aceite,
1 manojo de perejil,
¼ de kilo de camarón fresco,
1 cebolla,
2 dientes de ajo,
1½ litros de agua hervida,
sal y pimienta.

Manera de hacerse:

El fideo se dora a un calor moderado de manera que quede parejo su color; en el aceite se fríen los camarones crudos, se retiran y en la grasa que quedó, se fríe el tomate (jitomate) asado, molido con la cebolla y los dientes de ajo, se agrega también el perejil; ya que todo está bien frito se añade el fideo tostado, los camarones fritos y el agua hirviendo; se deja hervir hasta que el fideo esté bien cocido y se sirve luego.

10. Sopa de jaiba

Sra. Juana Gutiérrez

Ingredientes:

12 jaibas vivas,
½ kilo de tomate, (jitomate),
½ taza de aceite de olivo,
1 cebolla,
6 dientes de ajo,
5 hojas de oregano fresco,
1 cucharada de vinagre,
2 ramas de perejil,
2 zanahorias,
1 cucharada de harina para espesar,
1 limón,
1 ½ litros de agua.

Manera de hacerse:

A las jaibas se les quitan primero las tenazas, se les sigue quitando las patas, se abren, se parten a la mitad y se lavan con escobetilla a dejarlas muy bien limpias; se les pone jugo de limón. En el aceite se fríe el jitomate rebanado, los dientes de ajo y la cebolla picados, se agrega el agua y las zanahorias cortadas en ruedas, el perejil, oregano y sal; cuando las zanahorias están cocidas se ponen las jaibas a que den un hervor, después se pone la harina disuelta en poca agua y colada se deja hervir un poco más; ya para servirse se saca del fuego, se cuela el caldo, dejando únicamente las zanahorias, se agregan las jaibas y se sirve luego.

11. Sopa de tortuga

Sra. Ma. Antonia Alanis Vda. de Salazar

Ingredientes:

1 tortuga de la región,
100 gramos de tomate (jitomate),
50 gramos de cebolla,
6 pimientas,
2 clavos,
4 dientes de ajo,
4 chiles serranos verdes,
1 ramita de perejil,
6 cucharadas de aceite,
50 gramos de pan blanco.

Manera de hacerse:

La tortuga se destaza, se corta en pequeños trozos, se lava bien y se pone a cocer. En la mitad del aceite se fríen las especies molidas con los dientes de ajo y la cebolla, se agrega el tomate molido; ya que están bien fritas se ponen donde se está cociendo la tortuga agregándole las ramas de perejil y los chiles serranos asados, se sazona con sal; se deja hervir hasta que la tortuga está bien cocida; se sirve con los cuadritos de pan fritos en el aceite restante.

12. Caldo largo

Srita. Olga Teran Reyes

Ingredientes:

1 pescado robalo de un kilo de peso,
½ kilo de tomate, (jitomate),
2 cebollas,
5 chiles serranos,
1 cucharadita de cominos,
¼ kilo de jacubes o nopales,
5 cucharadas de aceite,
1 limón,
2 litros de agua
unas ramas de cilantro.

Manera de hacerse:

El pescado se parte en trozos, la cabeza se parte a la mitad, se les pone el jugo de un limón y se dejan reposar en el refrigerador durante una hora. En el aceite se fríe la cebolla cortada en pedazos, se agregan los tomates (jitomates) molidos con los chiles y los cominos; cuando están bien fritos se ponen los dos litros de agua; cuando suelta el hervor se agregan los jacubes o nopales, los trozos y la cabeza de pescado, las ramas de cilantro y sal, se deja hervir por espacio de ½ hora y se sirve muy caliente.

13. Sopa de jaibas y queso

Sra. Nora Muñoz deHage

Ingredientes:

¼ de kilo de jaiba despicada,
150 gramos de queso de bola,
1½ litros de leche,
2 cucharadas de mantequilla,
2 cucharadas de harina,
2 cucharadas de perejil picado,
salsa Tabasco, sal y pimienta.

Manera de hacerse:

Se derrite la mantequilla en baño de maría, se le agrega la harina, la sal, pimiento y la leche, agitándose constantemente para que quede tersa.

Se agrega el queso rallado y se sigue agitando hasta que el queso se derrita bien, se añaden unas gotas de salsa Tabasco, la carne de la jaiba cocida, desmenuzada y sin espinas y el perejil picado; ya que todo se mezcla bien se retira y se sirve luego.

14. Huatape de camarón

Sra. Petra López de Cantú

Ingredientes:

1 kilo de camarón crudo,
6 dientes de ajo,
3 hojas de lechuga,
1 cebolla chica,
15 hojas de chile verde,
3 chiles verdes (o al gusto),
12 hojas de epazote,
¼ de kilo de tomate verde de bolsa,
100 gramos de masa de maíz,
35 gramos de manteca,
sal y pimienta

Manera de hacerse:

Se muelen los ajos, cebolla, las hojas de lechuga, de chile, el epazote, el chile verde y el tomate; se fríe todo esto en manteca. Se deshace la masa en agua suficiente para que quede como un atole ralo y se le agrega a lo anterior poniéndole sal y pimienta.

Ya que ha hervido bien, se le ponen los camarones sin cabeza crudos, para que ahí se cuezan; se deja hervir hasta que los camarones estén cocidos; se sirve como sopa.

15. Exquisito arroz

Sra. Ma. Luisa C. de García

Ingredientes:

¼ de kilo de arroz,
¼ de litro de aceite de olivo,
1 pollo,
¼ de kilo de camarones,
500 gramos de pescado huachinango en trozo,

150 gramos de jamón,
4 salchichas,
300 gramos de lomo de cerdo,
24 almejas y 6 jaibas,
125 gramos de chícharos,
3 pimientos morrones,
unas hebritas de azafrán,
1 cebolla.

Manera de hacerse:

El pollo se corta en pequeñas piezas, se fríen en $_{1/8}$ de litro de aceite, se retira; el jamón, las salchichas y el lomo cortados en trocitos, también se fríen en el aceite y se retiran; los camarones se limpian, lo mismo las jaibas se les quitan las patas dejándoles únicamente las antenas, se parten a la mitad y se despegan las tenazas, se limpian muy bien; a las tenazas se les dan unos golpes para romperles la cáscara; se arreglan también las almejas separándoles el líquido que sueltan; los trozos de pescado se fríen en $^{1/8}$ de litro de aceite, a los chícharos se les da una ligera sancochada. Se mezclan el aceite en que se frieron el pollo y las carnes, y en el que se frío el pescado se ponen al fuego, allí se fríe la cebolla picada, cuando está acitronada se le agrega el arroz que se habrá limpiado bien con una servilleta; cuando dora se agregan las piezas de pollo, lomo, jamón, salchichas, los trozos de pescado, las jaibas, camarones, almejas y el agua que soltaron éstas; se deja hervir un poco, cuando reseca se le pone ¾ de litro de caldo en el que se habrán disuelto unas hebritas de azafrán, las suficientes para dar color, se ponen los pimientos cortados en tiritas, los chícharos sancochados y sal. Se deja hervir a fuego suave hasta que el arroz esté cocido y separado un grano de otro.

PESCADOS

16. Torta de pescado

Sra. Alicia P. de Rodríguez

Ingredientes:

1 kilo de pescado robalo en trozo,
1 cebolla chica,
3 huevos,
unas ramitas de perejil,
1 tomate (jitomate),
2 ramas de apio,
6 cucharadas de aceite,
50 gramos de aceitunas,
1 limón,
1 frasco chico de mayonesa.

Manera de hacerse:

El pescado se pone a hervir con sal y ½ cebolla procurando no se recosa; se saca del fuego, cuando enfría se desmenuza quitándole las espinas, se le pone sal y jugo de limón, se le agregan el tomate (jitomate), el perejil, la cebolla, las aceitunas y el apio, todo finamente picado; se baten las claras a punto de turrón, se agregan las yemas y se mezclan con el pescado y demás ingredientes, sazonándolo con sal. En un sartén de 20 ctms. de diametro por 5½ de alto se pone el aceite; cuando está bien caliente se le pone el preparado, se baja el fuego y se deja dorar un poco, agitando un poco el sartén a fin de que no se pegue, luego se voltea sobre un plato y se pone de nuevo en el sartén para que se dore de la parte de arriba; se sirve en un platón, se rebana como pastel adornando cada pedazo con un poco de mayonesa.

17. Robalo adobado

Sra. Dora L. de Palacios

Ingredientes:

1 kilo de pescado robalo en rebanadas,
150 gramos de chile ancho,
¼ de litro de vinagre,
2 dientes de ajo,
3 cucharadas de aceite,
¼ de cucharada de orégano,
2 hojas de laurel,
2 ramas de tomillo,
2 ramas de mejorana,
2 pimientas negras,
1 lechuga,
aceite y vinagre para la ensalada.

Manera de hacerse:
Las rebanadas de pescado se lavan, se ponen en una cacerola con agua que las cubra, las hierbas de olor, sal y pimienta, se ponen al fuego; cuando está cocido el pescado se retira, se escurren bien las rebanadas y se colocan en un platón refractario engrasado, se cubren con el adobo y se meten al horno de calor regular 350 grados durante 20 minutos; pasado ese tiempo se sacan del horno y se sirven con la lechuga picada, sazonada con aceite, vinagre, sal y pimienta.

Manera de hacer la salsa:
Los chiles se asan ligeramente, se remojan en el vinagre, se muelen con los dientes de ajo asados, el oregano y las pimientas negras, se les agrega el vinagre en que se remojaron y sal, se fríen en el aceite; cuando espesa la salsa se retira y se vacía sobre los filetes.

18. Escabeche de pescado

Sra. Cecilia Violante deGerez

Ingredientes:
100 gramos de chile de color (chile ancho),

3 dientes de ajo,
3 hojas de laurel,
⅛ de litro de aceite,
1 botella de vinagre,
6 chiles en vinagre,
¼ de litro de vinagre para las cebollas,
½ kilo de pescado huachinango o robalo en rebanadas,
1 cebolla,
sal, pimienta,
clavo y comino.

Manera de hacerse:
Se pone al fuego una cacerola con la mitad del aceite; cuando esta bien caliente se fríe el chile de color que ya estará limpio; antes de que doren se retira y se remoja en vinagre. En el mismo aceite se fríe la cebolla, pimienta, clavo y cominos, se pone a remojar con el chile, después se muele todo con el vinagre en que se remojó. Se pone el resto del aceite al fuego y cuando está bien caliente se fríen las rebanadas de pescado, cuando empiezan a dorar se les agrega el chile con todo lo molido, las hojas de laurel y sal; cuando ha hervido un poco se retira del fuego, si ha quedado muy espeso se le puede agregar un poco de vinagre, (no se le puede poner agua), se vacía a un platón y se adorna con chiles en vinagre y las rebanadas de cebolla preparadas de la siguiente manera:

Se pone al fuego una sartén con el vinagre, sal y pimienta y la cebolla cortada en ruedas, se deja dar un hervor y se retira para ponerse en el pescado. Este platillo puede servirse caliente o frío.

NOTA: Puede hacerse con camarones en lugar del pescado.

19. Filete de robalo en crema

Sra. Ma. Luisa Casasus de Herrera

Ingredientes:
1 kilo de filetes de robalo,
100 ostiones en crudo,
100 gramos de mantequilla,
¼ de litro de crema,
100 gramos de queso Parmesano rallado.

Manera de hacerse:
En un platón refractario untado de mantequilla se extienden los filetes de pescado, procurando cubrir el fondo del molde, después se pone una capa de ostiones bien escurridos, trocitos de mantequilla, suficiente crema y queso rallado, después otra capa de filetes, trocitos de mantequilla, ostiones y por ultimo la crema con el resto del queso; se mete a horno de calor regular 350 grados, hasta que todo está bien cocido. Se sirve muy caliente.

20. Pescado en trozos

Srita. Benita Lee

Ingredientes:
1 kilo de pescado en trozos,
½ kilo de tomate (jitomate),
1 limón,
¼ de kilo de cebolla,
4 cucharadas de aceite,
4 dientes de ajo,
2 hojas de laurel,
1 raja de canela,
unos pocos de cominos,
oregano, pimienta y sal.

Manera de hacerse:
Los cominos, la pimienta, la cebolla, los dientes de ajo y los tomates (jitomates) se muelen y se fríen en el aceite, estando bien fritos se agrega ½ litro de agua; cuando empieza a espesar, se agregan los trozos de pescado, la canela y el laurel. Se deja hervir un poco, se añade sal, el jugo de ½ limón y oregano al gusto; cuando suelta el hervor se retira y se sirve luego.

21. Taquitos de pescado

Sra. Ana María S. de Hernández

Ingredientes:
1 kilo de pescado en filetes,
150 gramos de queso amarillo,

1 lata de pimientos morrones,
1 cebolla grande,
1 cucharada de perejil picado,
4 cucharadas de aceite de olivo,
2 limones,
sal y pimienta.

Manera de hacerse:
Se les pone a los filetes jugo de limón, sal y pimienta; se dejan reposar un rato. Los pimientos se cortan en tiritas lo mismo la mitad del queso; con esto se rellenan los filetes, se enrollan formándose los taquitos, se colocan en un platón refractario engrasado, se les pone encima el queso restante rallado, la cebolla rebanada, el perejil picado y al ultimo el aceite de olivo. Se mete al horno de calor regular 350 grados; cuando el pescado está cocido se sirve luego.

22. Pescado en su jugo

Sra. Esther A. de Pérez

Ingredientes:
1 kilo de pescado robalo en trozo,
1 cebolla,
2 dientes de ajo,
¼ de kilo de tomate (jitomate),
6 cucharadas de aceite,
100 gramos de aceitunas,
100 gramos de alcaparras,
4 chiles jalapeños en vinagre,
2 cucharadas de perejil picado,
unas hojas de laurel,
1 limón,
sal y pimienta.

Manera de hacerse:
Los trozos de pescado se lavan, se les pone jugo de limón, sal y pimienta. En una cacerola engrasada se ponen capas de trozos de pescado, capas de rebanadas de tomate (jitomate) y de rebanadas de cebolla, de ajo picado, unas hojitas de laurel, de aceitunas, alcaparras, tiritas de chile jalapeño en vinagre y de perejil picado, y así sucesivamente se siguen acomodando una capa de pescado y una de recaudo, se le pone aceite por encima, sal y pimienta se

pone al fuego dejándose ahí hasta que el pescado esté cocido, se sirve luego.

23. Pescado a la tampiqueña

Sra. María Luz García de Gómez

Ingredientes:

1 pescado Huachinango entero de tamaño mediano,
½ kilo de tomate (jitomate),
1 cebolla grande,
½ vaso de aceite de oliva,
½ vaso de vino blanco,
100 gramos de aceitunas,
75 gramos de alcaparras,
1 limón,
yerbas de olor,
2 cucharadas de perejil picado,
sal y pimiemta.

Manera de hacerse:

En un recipiente extendido apropiado para poner el pescado entero, se pone agua, un pedazo de cebolla, las yerbas de olor y unas rebanadas de limón y sal; cuando suelta el hervor se pone el pescado limpio y perfectamente lavado y se deja hervir a fuego muy suave durante unos minutos; se retira del fuego. En otro recipiente refractario igualmente amplio se pone al fuego con el aceite, allí se fríe la cebolla, cuando se acitrona, se agrega el tomate (jitomate) finamente picado; cuando espesa se añade el perejil y caldoen que se coció el pescado, el necesario a formar una salsa espesa; ya que está sazonado y unos minutos antes de servirse, se pone el pescado con cuidado para que no se desbarate, las aceitunas, las alcaparras y el vino, se deja dar un hervor y se sirve muy caliente.

24. Molotes o taquitos de huachinango

Sra. Ana D. Alvarez de Salman

Ingredientes:

8 filetes de Huachinango grandes y delgados,
125 gramos de jaiba despicada,
1 cebolla mediana,
1 cabeza de ajos,
2 cucharadas grandes de aceite Lirio,
¼ de kilo de camarón mediano crudo,
18 ostiones frescos,
12 aceitunas,
50 gramos de alcaparras,
4 tomates (jitomates),
¼ de crema fresca del día,
½ manojo de perejil, orégano, laurel, sal y pimienta.

Manera de hacerse:

Se ponen a cocer dos tomates y se muelen con tres dientes de ajo y la mitad de la cebolla; se refríe esta salsa en dos cucharadas de aceite, y se le agregan las alcaparras, las aceitunas picadas y dos ramitas de perejil finamente picado, sal y pimienta al gusto; cuando suelta el hervor se separa de la lumbre y se le agrega la jaiba. Ya se tendrán los filetes de pescado bien lavados; a los camarones y ostiones se les pone sal y pimienta; en crudo se ponen los filetes en un plato y se van rellenando con el picadillo de jaiba, los ostiones y camarón al gusto ya sean enteros o picados, entonces se forma el taquito y se le pone un palillo para que no se abra y se pone a cocer a vapor, con las yerbas de olor, los ajos y cebolla restantes y con ¼ de litro de agua durante 10 minutos.

Cuando ya están cocidos se sacan y se colocan en un platón y se adornan con rebanadas de tomate y ramitas de perejil bañándose con la crema bien batida sazonada de sal y pimienta.

NOTA: Si estos taquitos no se quieren cocidos, también se pueden hacer rebozados y se adornan con lechuga, tomate y perejil.

25. Pescado huasteco

Srita. Ana María PaniaguaCalvo

Ingredientes:

1 ½ kilos de pescado robalo rebanado,
5 hojas de acuyo,
3 cebollas chicas,
3 dientes de ajo,
6 hojas grandes de lechuga,
1 manojo chico de cilantro,
chiles serranos al gusto,
100 gramos de masa de maíz,
⅛ de litro de aceite,
sal.

Manera de hacerse:

Se desvenan las hojas de acuyo y se muelen con los chiles, las cebollas, el cilantro, el ajo y las hojas de lechuga, se fríen en 6 cucharadas de aceite; cuando están bien fritas se agregan 3 tazas de agua, al soltar el hervor se ponen las rebanadas de pescado yunas cazuelitas que se hacen con la masa mezclada con doscucharadas de aceite y sal, procurando no mover la salsa para que no se desbaraten las bolitas; cuando el pescado y las bolitas están cocidos, se sirve luego.

26. Huachinango en salsa de alcaparras

Sra. C. Artemisa M. de Etienne

Ingredientes:

6 rebanadas de Huachinango,
½ taza de aceite,
¼ de taza de vinagre,
½ taza de alcaparras,

2 cucharadas de perejil picado,
1 limón,
½ kilo de papas,
sal y pimienta.

Manera de hacerse:
Las rebanadas de pescado se untan de jugo de limón, sal y pimienta; se colocan en una cazuela o en una cacerola, se cubren con las alcaparras molidas con el vinagre, se les pone también el aceite, el perejil picado, sal y pimienta; se ponen al fuego muy suave hasta que el pescado esté bien cocido; se sirve con las papas que se habrán cocido a vapor.

27. Rollos de huachinango

Sra. Noba Muñoz de Hage

Ingredientes:
1 kilo de filetes de pescado,
2 limones,
2 cebollas,
⅛ de litro de aceite,
1 frasco chico de aceitunas,
1 frasco chico de alcaparras,
1 lata chica de chiles en vinagre,
½ kilo de tomate (jitomate)
sal y pimienta.

Manera de hacerse:
A los filetes se les pone limón, pimienta y sal, se dejan reposar durante 15 minutos; pasado ese tiempo se rellenan con las aceitunas y alcaparras picadas; se hacen rollitos.

En el aceite se fríen las cebollas rebanadas y cuando están acitronadas se retiran; en la grasa que quedó se fríen los rollitos, también se retiran, y en la misma grasa se pone el tomate (jitomate) molido con la pimienta y sal; cuando ha hervido un poco se ponen los rollitos de pescado y los chiles en vinagre. Se deja hervir un poco y se sirve muy caliente.

28. Pescado tricolor

Sra. Mary F. de Castillo Lavie

Ingredientes:

1 pescado Huachinango de tamaño regular,
⅛ de litro de aceite,
1 lechuga,
3 tomates grandes (jitomates),
1 cebolla grande,
4 limones
sal y pimienta.

Manera de hacerse:

El pescado se divide en tres partes por los dos lados, se pone una hora en el jugo de 4 limones, se unta de sal, se deja reposar 15 minutos, se seca con un pedazo de papel de envoltura, luego se pone a freír únicamente la parte de la cabeza, sosteniéndolo por la parte de la cola con una servilleta; cuando está frita la primera parte, la de enmedio se unta de aceite, y se espolvorea con pimienta envolviendo esta parte con un pedazo de papel parafinado, cortado en una tira del ancho de la parte media del pescado; finalmente la parte de la cola se unta también de aceite en muy poca cantidad y espolvoreado con poca pimienta; ya en esta forma el pescado se coloca en un molde alargado donde quepa el pescado y se mete a horno de calor regular 350 grados, volteándolo cuando se calcule se haya cocido la parte de abajo. Ya cocido se saca del horno y se coloca en un platón adornándose con lechuga finamente picada sobre la parte de la cabeza, con cebollla en rebanadas muy delgadas en la parte de enmedio, y por ultimo jitomate en rebanadas muy delgadas por la parte de la cola. Alrededor del pescado se pone lechuga picada y sazonada con sal; el pescado queda en tres sabores distintos y en los tres colores de la BANDERA MEXICANA.

29. Filetes de pescado

Sra. Rafaela Chacopino de Miret

Ingredientes:

1 ½ kilos de pescado en filetes,
2 ½ tazas de leche,
1 ½ cucharaditas de pimienta,
250 gramos de queso Kraft,
½ taza de mantequilla,
½ taza de harina,
½ taza de jugo de limón,
1 cucharadita de salsa Inglesa Perrins,
paprika, pimienta y sal.

Manera de hacerse:

Se enrollan los filetes que deben ser largos y angostos 8 ó más, se ponen en un molde largo y hondo o en un platón refractario, se les pone la leche, sal y pimienta y se meten a horno de calor regular 350 grados, hasta que están cocidos y jugosos, entonces se sacan del horno y cuidadosamente se escurre la leche del molde; se derrite la mantequilla en baño de maría, se le agrega la harina y poco a poco la leche en que se cocieron los filetes, se está moviendo constantemente; cuando espesa se añade el queso rallado y se revuelve hasta que se derrita bien, por ultimo se agrega el jugo de limón y la salsa inglesa; se vacía esta salsa sobre los filetes, se espolvorean con Paprika, se meten al asador a 350 grados. Cuando toman un bonito color dorado se retiran y se sirven luego.

30. Rollitos de robalo

Sra. Margarita M. de Solbes

Ingredientes:

1 kilo de filetes de robalo,
100 gramos de jamón cocido,
100 gramos de queso amarillo,
3 huevos cocidos,
1 latita de pimientos morrones,
1 frasquito de aceitunas,
1 frasquito de alcaparras,
2 cebollas grandes,
3 limones,
¼ de litro de aceite de olivo,
yerbas de olor, sal y pimienta.

Manera de hacerse:
Los filetes de robalo se dejan reposar durante una hora en agua que los cubra, con el jugo de los 3 limones; pasado ese tiempo se escurren bien, se colocan sobre una tabla y se espolvorean con sal y pimienta y se les pone a cada filete una tirita de queso, una tirita de jamón, una de huevo cocido, unas rebanaditas de aceitunas y las alcaparras, así como una tirita de pimiento morrón, se enrollan como taquitos; se acomodan en un molde refractario de forma rectangular engrasado de mantequilla, sobre los filetes de ponen rebanadas de cebolla, las yerbas de olor, las aceitunas y alcaparras restantes, los pimientos que sobraron y el queso amarillo rallado. Por ultimo se baña todo muy bien con el aceite de olivo, se mete a horno de calor regular 350 grados, dejándolo ahí hasta que el pescado está bien cocido; se sirve muy caliente.

31. Croquetas de pescado

Sra. Lucía S. de Díaz Infante

Ingredientes:

½ kilo de pescado,
2 tomates (jitomates),
½ cebolla,
3 dientes de ajo,
1½ cucharaditas de maizena,
1 cucharada de harina,
2 huevos,
100 gramos de pan molido,
2 cucharadas de perejil picado,
1 limón, 2 clavos de especie y
3 pimientas,
¼ de litro de leche,
yerbas de olor,
50 gramos de mantequilla,
¼ de litro de aceite.

Manera de hacerse:
Se pone a cocer el pescado con un diente de ajo y ¼ de cebolla, las yerbas de olor, sal y poca agua, se deja enfriar. Por separado se fríen en 3 cucharadas de aceite el tomate (jitomate) molidocon el ajo, la cebolla y el clavo; cuando espesa se agrega el pescado cocido y desmenuzado y la salsa blanca; se deja enfriar, ya que

está bien frío se hacen las croquetas, se pasan primero por el pan molido y luego por el huevo, finalizando otra vez por el pan molido, se fríen en el aceite.

Manera de hacer la salsa blanca:
En la mantequilla se fríen la maizena y la harina; cuando toma color dorado se pone la leche, se sazona con sal y pimienta; se deja hervir hasta que forma una salsa espesa. Cuando se le vea el fondo al cazo se retira y se mezcla con los demás ingredientes.

32. Pescado a la reyna

Sra. Lucina M. de Coronado

Ingredientes:

1 pescado entero de 2 kilos de peso,
4 huevos cocidos,
300 gramos de cebolla,
2 cucharadas de perejil,
1 latita de pimientos morrones,
2 lechugas,
¼ de litro de aceite,
⅛ de litro de vinagre de vino,
15 limones verdes,
3 metros de listón rosa de 3 cms. de ancho,
sal y pimienta.

Ingredientes para las papas:

500 gramos de papas,
1 yema para embetunar,
1 huevo,
50 gramos de mantequilla,
sal y pimienta.

Manera de hacerse:
Al pescado se le quita la cabeza, así como la cola, el resto del pescado se coloca en una charola de horno, se espolvorea con sal y pimienta, se le pone la mitad del aceite y la mitad del vinagre, se mete al horno de calor 350 grados; cuando ya está cocido se retira y se deja enfriar, se le quita la piel y las espinas, se desmenuza, se pone en un platón dándole forma de pescado, se le coloca la cabe-

za y la cola que se quedaron en crudo, y se cubre con la siguiente salsa: En una cacerola se pone al fuego el aceite restante con la cebolla picada finamente; cuando está acitronada se ponen los pimientos picados y el perejil picado; cuando todo está bien frito se retira del fuego y se le añade el vinagre restante, sal y pimienta y los 4 huevos cocidos y picados; con esa salsa se cubre el pescado, se le pone alrededor la lechuga finamente picada, se adorna con los limones que se cortan en forma de canastitas y se le pone un moño de listón y con las papas a la Reyna.

Manera de hacer las papas a la Reyna:
Las papas se ponen a cocer, calientes se les quita la cascara, se prensan, se les agrega el huevo, la mantequilla, sal y pimienta y se bate muy bien; con la bolsa y la duya rizada se sacan como pompones sobre latas engrasadas, se barnizan con un pincel mojado en yema, se meten a horno de calor regular 350 grados; cuando empiezan a dorar se retiran y se ponen en el pescado.

33. Salpicón de cazón

Srita. Silvia Eugenia Salazar Arreola

Ingredientes:

1 kilo de cazón,
1 rama de epazote,
100 gramos de aceitunas,
30 gramos de pasitas,
50 gramos de almendras,
50 gramos de alcaparras,
2 chiles pimientos verdes,
2 limones,
5 cucharadas de aceite,
5 dientes de ajo,
½ kilo de tomate (jitomate),
¼ de kilo de papas,
1 lechuga,
1 cucharada de perejil picado.

Manera de hacerse:
En agua hirviendo se pone a cocer el cazón con el epazote y sal; cuando ha hervido 10 minutos se retira del fuego, se le quita la piel y se pone al fuego en otra olla que deberá tener agua hirvien-

do; se deja hervir 5 minutos, se saca la olla del fuego, se le agrega el jugo de los limones y se deja enfriar. Se doran los dientes de ajo en 4 cucharadas de aceite y se muelen con la cebolla y el jitomate, se fríen en el mismo aceite en que se frieron los ajos, se agrega el cazón bien exprimido, los chiles asados, desvenados y cortados en tiritas, las papas cocidas y picadas, las aceitunas, alcaparras, pasitas, almendras peladas y cortadas en tiritas, el perejil y el epazote picado y sal; se deja hervir hasta que todo se sazona, se vacía al platón adornándose con las hojas de lechuga.

34. Catán de escabeche

Sra. María Antonia Alanis Vda. de Salazar

Ingredientes:

1 catán de un kilo de peso,
3 limones,
100 gramos de chile de color (chile ancho),
¼ de litro de aceite de olivo,
⅛ de litro de vinagre,
10 dientes de ajo,
12 pimientas,
3 clavos de especie,
¼ de cucharadita de cominos,
½ cucharadita de orégano,
2 cebollas,
4 chiles jalapeños,

Manera de hacerse:

El Catán se parte en trozos no muy grandes y se pone en el jugo de los tres limones y bastante sal, durante dos horas; el chile se remoja y se muele con las especies y los dientes de ajo, se fríe en 4 cucharadas de aceite; cuando está bien frito se agrega el vinagre. El Catán se enjuaga bien y se seca con una servilleta, se fríe en el aceite bien caliente; ya que está bien frito se pone en la salsa y se deja dar un hervor para que se acabe de cocer, se vacía al platón y se adorna con rebanadas de cebolla cruda y rajas de chile jalapeño.

Catán es un pescado que abunda en las aguas de los Ríos Pánuco y Tamesis.

35. Sandwiches de salmón

Sra. Dolores T. de Mitates

Ingredientes:

1 lata de salmón,
½ kilo de tomate (jitomate),
2 cebollas medianas,
½ cabeza de ajos,
2 ramas de perejil,
⅛ de litro de aceite de olivo,
3 pimientos morrones,
pan de caja para sandwiches.

Manera de hacerse:

En el aceite se fríen los dientes de ajo, la cebolla, el tomate (jitomate) y el perejil todo bien picado, se deja sazonar un poco, se le pone el salmon desmenuzado de antemano y se deja hervir moviéndose constantemente para que no se pegue, hasta que haga como una pasta; cuando enfría se unta en el pan y se adorna con tiritas de los pimientos morrones.

36. Torta de salmón

Sra. Elvira A. de Vargas

Ingredientes:

1 lata de salmón,
3 huevos,
10 galletas de soda,
3 cucharaditas de jugo de limón,
2 tomates (jitomates),
1 lechuga,
unos chiles en vinagre,
sal y pimienta.

Manera de hacerse:

Se deshuesa el salmon y se desmenuza, se le agregan las galletas desmoronadas, las yemas, el jugo de limón, sal y pimienta, se añaden las claras batidas a punto de turrón; se vacía a un molde refractario engrasado y enharinado, se mete a horno de calor regular 350 grados; cuando cuaja se saca del horno, se vacía el platón y se adorna con rebanadas de tomate (jitomate) las hojas de lechuga y los chiles en vinagre.

37. Rollos de salmón

Sra. Aurelia Friga deLozano

Ingredientes:

1 lata de salmón,
2 huevos,
4 galletas de soda,
2 huevos cocidos,
100 gramos de aceitunas,
100 gramos de chícharos cocidos,
1 lechuga,
1 cebolla,
aceite, vinagre, sal y pimienta.

Manera de hacerse:

El salmón se muele con las galletas, se les agregan los huevos y se sazona con sal y pimienta; se extiende sobre una servilleta húmeda, enmedio se le ponen los chícharos cocidos, los huevos cocidos y las aceitunas picadas; se enrolla apretándose bien, dándole forma de rollo se ata con un hilo, se pone a hervir durante 40 minutos en agua que lo cubra, con la cebolla rebanada y sal.

Ya frío se rebana, se coloca en un platón, poniéndole alrededor la lechuga picada, sazonada con aceite, vinagre y sal.

38. Croquetas de bacalao

Sra. María Luisa C. de García

Ingredientes:

¼ de kilo de bacalao,
¼ de kilo de papas,
2 huevos,
¼ de litro de aceite,
60 gramos de pan tostado molido,
sal y pimentón.

Manera de hacerse:

Se remoja el bacalao perfectamente bien, se desmenuza muy fino, se mezcla con las papas cocidas y prensadas, se sazona con pimentón; se forman las croquetas, se pasan por los huevos batidos y el pan molido y se fríen en el aceite a fuego no fuerte, para que no se arrebaten y se cueza bien el bacalao.

39. Bacalao

Sra. Pilar A. de Sanjines

Ingredientes:

1 kilo de bacalao,
2 kilos de tomate (jitomate),
1 cebolla,
4 dientes de ajo,
1 chile ancho de color,
15 gramos de pan blanco,
100 gramos de jamón,
6 pimientos morrones rojos frescos o dos latitas de pimientos morrones,
¼ de litro de aceite de olivo,
50 gramos de harina,
3 huevos.

Manera de hacerse:

El bacalao se parte en cuadros, como de 5 ó 6 centímetros más o menos, se remoja toda la noche; al siguiente día se enjuaga en otra agua, se escurren bien los cuadros, se secan en una servilleta, se pasan por harina y por los huevos batidos, se fríen en el aceite. En 4 cucharadas de aceite se fríe la cebolla, los dientes de ajo y el jamón picados, se agrega el tomate (jitomate) molido con el chile ancho de color, remojado y molido; cuando ha hervido se pasa por un colador, se agrega el pan frito en dos cucharadas de aceite, y molido se sazona con sal.

Se pone un poco de esta salsa en una cazuela de barro; encima se pone una capa de bacalao, más salsa y tiritas de pimiento, se mete al horno a fuego muy suave, procurando no hierva, se saca del horno, se dejan reposar durante tres horas. Antes de servirlo se calienta un poco.

40. Bacalao en salsa de pimiento morrón

Srita. Antonia Terrones D.

Ingredientes:

½ kilo de bacalao noruego,
1 lata mediana de pimientos morrones,
1 frasco chico de aceitunas rellenas,
1 frasco chico de alcaparras,
1 frasco de cebollitas en vinagre,
1 latita de chiles en vinagre,
10 cucharadas de aceite de oliva,
2 hojas de laurel,
3 clavos de especie,
500 gramos de tomate (jitomate),
sal y pimienta.

Manera de hacerse:

El bacalao se remoja en agua caliente, ya remojado se desmenuza y se escurre bien, se fríe en la mitad del aceite; estando bien frito se vacía a la salsa que estará preparada de la siguiente manera:

En la otra mitad del aceite, se fríe el tomate (jitomate) molido con los pimientos morrones, los clavos, el laurel y cuatro aceitunas, se sazona con sal y pimienta; cuando empieza a hervir se le agrega el bacalao ya frito y se deja hervir a calor muy suave hasta que el bacalao esté bien cocido; entonces se le agregan las alcaparras, las aceitunas, las cebollitas, se deja dar un hervor y se retira.

Se puede servir caliente o frío.

41. Tortitas de hueva de lisa

Sra. Victoria A. de Cantú

Ingredientes:

250 gramos de hueva de lisa,
1 diente de ajo,
2 huevos,
¼ de litro de aceite,
2 tomates (jitomates),
2 limones,
1 lechuga.

Manera de hacerse:

La hueva se corta en rebanadas, se pone a cocer con agua, en cuanto se le desprende la pielecita, es que ya está cocida; entonces se le quita la piel y se muele con el ajo, se le agregan los huevos batidos y una poquita de sal. Con una cuchara se toman porciones, que se fríen en el aceite muy caliente, formándose las tortitas; se sirven adornándolas con rebanadas de limón, rebanadas de jitomate y hoja de lechuga.

42. Hueva de Lisa

Sra. María Antonia Alanis Vda. de Salazar

Ingredientes:

1 hueva de lisa,
100 gramos de chile de color (chile ancho),
10 pimientas,
5 clavos de especie,
8 ajos,
6 hojas de laurel,
¼ de cucharadita de cominos,
½ cucharadita de orégano,
3 huevos,
1 cebolla,
8 cucharadas de aceite de olivo y sal.

Manera de hacerse:

La hueva se coce, una vez cocida se muele y se le agregan los huevos enteros y la cebolla picada; se toma una sartén y se le ponen

5 cucharadas de aceite, ahí se vacía la hueva para hacer una torta; cuando está bien cocida por un lado se voltea por el otro; para servirse se le agrega la salsa preparada de la siguiente manera: Los chiles se remojan en agua caliente, se muelen con los dientes de ajo, las especies y las yerbas de olor, se fríen en 3 cucharadas de aceite, sazonándose con sal. Cuando está bien frita la salsa se sirve con la torta.

43. Tortas de hueva con chayote

Sra. Concepción O. de Sosa Berman

Ingredientes:

½ hueva,
1 papa,
2 huevos,
1 chayote grande,
1 tomate (jitomate),
¼ de cebolla chica,
¼ de litro de agua,
100 gramos de manteca,
chile piquín al gusto.

Manera de hacerse:

Se asa la hueva en el comal y se muele, se le agrega la papa cocida y prensada, los huevos ligeramente batidos y sal; con esta mezcla se forman tortitas y se frien en la manteca hasta que tienen un bonito color dorado.

En una cucharada de Manteca se fríe el tomate (jitomate) y la cebolla molida y el agua; cuando suelta el hervor se le agrega el chayote partido en cuadritos y el chile piquín disuelto en un poco de agua; cuando el chayote está cocido se le ponen las tortas de hueva a que den un ligero hervor, se retiran y se sirven luego.

MARISCOS

44. Jaibas al natural

Sra. Lucía M. de Pérez

Ingredientes:

18 jaibas grandes,
2 kilos de hielo picado,
3 limones,
100 gramos de sal gruesa (de la que se usa para poner el hielo de las garrafas para hacer nieve)

Manera de hacerse:

A las jaibas se les quita la cubierta y las patitas chicas; el agua y la sal se ponen al fuego en una olla honda; cuando empieza a hervir se ponen las patitas de las jaibas y las tenazas delanteras, se tapa la olla, se dejan hervir las jaibas durante 15 minutos, contados desde que el agua rompe el hervor, después de haber puesto las jaibas dentro de ella. Ya que pasó este tiempo, se sacan las jaibas, se escurren limpiándose con la misma agua en que se cocieron, pues si se limpian con agua distinta se hacen desabridas.

Se colocan en un platón poniendo las pancitas primero y las tenazas encima debidamente quebraditas, procurando que no se machaquen, debiendo quedar la parte roja hacia arriba, para dar major presentación; se les pone el hielo picado y se decora con rebanaditas de limón.

45. Jaibas al natural con ensalada de zanahoria

Sra. María del Pilar R. Vda. de Hodges

Ingredientes para las jaibas:

¼ de kilo de jaiba despicada,
1 tomate grande (jitomate),
1 tomate verde grande,
1 cebolla de tamaño regular,
1 frasco chico de aceitunas,
1 frasco chico de alcaparras,
1 chile grande en vinagre,
3 cucharadas de aceite,
1 limón,
1 manojo de perejil,
sal y pimienta.

Ingredientes para la ensalada de zanahoria:

2 zanahorias grandes,
¼ parte de un coco fresco,
50 gramos de pasas,
3 cucharadas de azúcar,
1 limón.

Manera de hacerse:

Los tomates, la cebolla, el chile, un poco de perejil y las alcaparras se pican finamente, se mezclan con la jaiba, se agrega el aceite, el limón, sal y pimiemta; se coloca en el centro del platón, alrededor se coloca la ensalada de zanahoria; sobre la jaiba se ponen las aceitunas y ramitas de perejil.

Manera de hacer la ensalada de zanahoria:

El coco y la zanahoria se rallan finamente, se sazonan con el limón y el azucar, se le agregan las pasitas.

46. Jaibas rellenas estilo pueblo viejo

Sra. Angela Tavera deGonzález

Ingredientes:

1½ docena de jaibas,
5 cucharadas de leche para remojar el pan,
3 chilitos verdes,
150 gramos de cebolla finamente picada,
12 conchas de jaibas,
60 gramos de pan blanco remojado en leche,
20 pimientas de Castilla,
1 cucharada grande de cocina de sal gruesa,
4 litros de agua,
⅛ de litro de aceite.

Manera de hacerse:

En los 4 litros de agua se pone la sal gruesa; cuando hierve se ponen a cocer las jaibas con todo y conchas (debe de ser en una olla amplia). Al romper el hervor se cuentan 25 minutos; pasado ese tiempo se sacan del fuego, se dejan enfriar y se procede a limpiar las jaibas. Primeramente se les quitan las conchas y de estas conchas se toman 12, se lavan perfectamente y se ponen a secar. A las pancitas se les quitan las tripitas y se lavan muy bien con la misma agua en que se cocieron; se procede a limpiarlas de huesos, o mejor dicho, a separar la carne de éstos y a las dos tenacitas también se les quita la carne, que servirán para el relleno. La cebolla se pica finamente, el pan se escurre y se muele en el metate junto con la pimienta; el chile verde se pica muy finito. Ya echo lo anterior se pone el aceite en la lumbre y cuando está caliente, se pone a freir la cebolla y el chile picados, se deja que se haga suavecita la cebolla y enseguida se frie el pan molido con la pimienta y rápidamente se le pone la jaiba que ya deberá estar pasada en el metate por una sola vez, o estrujada con un tenedor. Se revuelve bien y se deja sazonar; si le falta sal se le pone poca. Cuando enfría se rellenan las jaibas, se les pone pan molido y se meten al horno a dorar un poco.

47. Jaibas rellenas en sus conchas

Srita. Laura Gómez Escobedo

Ingredientes:

1 docena de jaibas,
¼ de kilo de tomate (jitomate),
1 cebolla grande,
1 manojo de perejil,
40 gramos de pan molido,
⅛ de litro de aceite,
4 pimientas,
1 limón.

Manera de hacerse:
Se lavan las jaibas con cepillo, se les quita la carne y se limpian muy bien las conchas, la carne se desmenuza muy finita, se pica y se fríe en el aceite, agregándole la cebolla picada, el tomate (jitomate) molido con las pimientas, el perejil, sal y pimienta, se deja hervir para que se sazone todo bien. Se vacía a las conchas de las jaibas que estarán engrasadas, se espolvorean con pan molido y unas gotas de limón, se meten a horno de calor regular 350 grados; cuando doran se sirven luego.

48. Jaiba rellena

Sra. Soledad Mier de Adame

Ingredientes:

1 kilo de jaiba despicada,
1 kilo de tomate (jitomate),
¼ de litro de aceite,
1 cebolla grande,
½ cabeza de ajos grande,
1 frasco chico de aceitunas,
1 frasco chico de alcaparras,
1 cucharada de perejil picado,
½ limón,
sal y pimienta,
40 gramos de pan molido,
100 gramos de mantequilla,
chiles serranos al gusto.

Manera de hacerse:

En el aceite se fríe la jaiba; cuando empieza a dorar, se agrega el ajo y la cebolla finamente picada. Cuando está bien frito se agrega el tomate (jitomate) bien picado, las aceitunas y alcaparras también picadas, el perejil y el jugo de limón, así como sal y pimienta, chile serrano picado al gusto; se deja hervir hasta que reseca; se vacía a moldes refractarios chicos o a uno grande, se le pone encima pan molido, y trocitos de mantequilla; se meten a horno de calor regular 350 grados. Cuando doran se retira y se sirve luego.

49. Jaibas rellenas a la tampiqueña

Sra. Ma. Eugenia de la Cruz de Chong

Ingredientes:

12 jaibas grandes,
1 frasco de aceitunas,
1 frasco de alcaparras,
⅛ de litro de aceite,
2 tomates (jitomates),
6 chiles serranos,
½ cabeza de ajos,
1 cucharada de perejil picado,
1 huevo,
50 gramos de pan molido,
3 limones,
1 manojo de perejil para adorno.

Manera de hacerse:

Se lavan y se limpian bien las jaibas, se ponen a cocer con sal, cebolla y 6 dientes de ajo; ya cocidas se sacan, se ponen a escurrir y cuando enfrían se les saca toda la carne; las conchas se lavan muy bien, se ponen a hervir, se escurren perfectamente. En el aceite se fríe el ajo y la cebolla picados; cuando están acitronados se agregan los chilitos bien picados, luego el tomate (jitomate) también picado y el perejil; se sazona con sal y con pimienta. Cuando espesa se agrega la carne de la jaiba, las aceitunas, alcaparras picadas; cuando reseca se retira del fuego y se rellenan las conchas que estarán engrasadas. Se bate el huevo como para lamprear, y con una palita se le extiende un poco de huevo a cada jaiba; sobre el huevo se pone un poco de pan molido y un trocito de mantequilla; se meten al horno de calor regular 350 grados; cuando toman un bonito color dorado se retiran, se colocan en el platón y se adornan con rebanadas de limón y ramitas de perejil.

50. Otras jaibas rellenas

Sra. Lesbia Gallegos de Muguruza

Ingredientes:

½ kilo de jaibas despicadas,
400 gramos de tomate (jitomate),
6 cucharadas de aceite,
½ frasco chico de aceitunas,
1 cucharada de alcaparras,
chiles en vinagre al gusto,
1 cebolla chica,
50 gramos de pan molido.

Manera de hacerse:

En el aceite se fríe el tomate (jitomate) molido con la cebolla, se agregan las jaibas despicadas, las aceitunas, las alcaparras, los chiles en vinagre al gusto, se sazona con sal y pimienta; se deja en el fuego hasta que reseca. Entonces se retira, se vacía a las conchas de las jaibas, se espolvorean con el pan molido, se meten al horno de calor regular 350 grados; cuando doran se retiran y se sirven luego.

51. Budin de jaiba

Sra. Guadalupe G. de Rivas

Ingredientes:

½ kilo de jaiba despicada,
¼ de kilo de tomate (jitomate),
1 chile serrano verde,
50 gramos de galletas Risas,
2 cucharadas de perejil picado,

4 cucharadas de aceite de olivo,
50 gramos de mantequilla,
⅛ de litro de leche,
sal y pimienta.

Manera de hacerse:
En el aceite se fríe el tomate (jitomate) molido y el chile verde picado, se agrega la jaiba y la leche, se sazona con sal y pimienta, se agrega la galleta molida; cuando forma una pasta se retira del fuego, se vacía a un molde de cristal refractario engrasado, se le pone la mantequilla en trocitos, se mete a horno de calor regular 350 grados. Se sirve en rebanadas adornándose con perejil picado.

52. Ensalada de jaiba

Sra. Isabel Ledezma de Rivera

Ingredientes:
1½ kilos de jaibas,
1 taza de lechuga picada,
⅓ parte de taza de cebolla picada,
2 limones,
¼ de litro de crema fresca del día,
2 cucharadas de pimientón,
½ taza de mayonesa,
1 cucharada de aceite,
sal y pimienta.

Manera de hacerse:
Las jaibas se cuecen, ya cocidas se desmenuzan, su carne se sazona con el jugo de los limones, el aceite, sal y pimienta; se le agrega la cebolla picada, la lechuga y la mayonesa; al ultimo se le agrega la crema batida mezclada con el pimentón. Se sirve muy fría.

53. Pudin tampiqueño

Sra. Eugenia Y. de Santos

Ingredientes:

1 kilo de pulpa de jaiba,
4 huevos cocidos,
3 sobres de gelatina Knox,
20 aceitunas,
½ latita de pimientos morrones,
4 pickles agrios,
3 tronquitos de apio,
1½ cucharaditas de mostaza,
1 cucharadita de jugo de cebolla,
1 frasco de mayonesa (mediano),
1 lechuga,
1 vaso de agua,
sal y pimienta al gusto.

Manera de hacerse:

La pulpa de la jaiba se mezcla con tres huevos cocidos y picados, con la mitad de los pimientos picados, la mitad de los pickles, aceitunas y apio también picados; se sazona con la mostaza, el jugo de la cebolla, sal y pimienta, se le agrega la mayonesa y la grenetina remojada en un ½ vaso de agua fría y disuelta en ½ vaso de agua caliente; se vacía a un molde mojado en agua fría y puesto entre hielo; cuando cuaja se mete un momento en agua caliente para vaciarse al platón, se adorna poniéndole alrededor la lechuga picada, rebanadas de huevo cocido y tiritas de pimiento y pickles.

54. Tortitas de jaiba

Sra. María Luisa E. de Saucedo

Ingredientes:

½ kilo de carne de jaiba despicada,
½ cebolla chica,
2 cucharadas de perejil picado,

4 huevos,
20 gramos de pan blanco,
½ taza de leche,
¼ de litro de aceite,
1 lechuga,
aceite, vinagre y sal.

Manera de hacerse:
Se revuelve la carne de la jaiba con la cebolla y el perejil picado, el pan remojado en la leche y los huevos, se sazona con sal y pimienta; se hacen pequeñas tortitas, se fríen en el aceite bien caliente; se sirven acompañadas de la lechuga picada y sazonada de aceite, vinagre, sal y pimienta.

55. Croquetas de jaiba o de pescado

Sra. Ma. Guadalupe M. de Villarreal (María de los Sagrarios)

Ingredientes:
1 kilo de pulpa de jaiba,
½ kilo de tomate (jitomate),
1 cebolla,
2 zanahorias,
2 limones,
12 aceitunas,
24 alcaparras,
½ lata de pimientos morrones,
3 chiles serranos,
2 hojas de laurel,
1 cucharada de perejil picado,
4 dientes de ajo,
12 pimientas,
1 cucharada de harina,
2 huevos,
125 gramos de pan rallado,
¼ de litro de aceite para guisar y freir,
1 lechuga,
2 tomates (jitomates),
1 manojo de rábanos,
1 manojo de perejil.

Manera de hacerse:
En 3 cucharadas de aceite se fríe la cebolla y zanahoria fínamente picada, se agrega el tomate (jitomate) también picado, las aceitunas picadas, las alcaparras, los ajos y las pimientas molidas; cuan-

do está todo frito se agrega la pulpa de la jaiba, las hojas de laurel, el jugo de los limones, los pimientos morrones en tiritas, el perejil y sal, si falta aceite se le agrega más; cuando todo esta bien incorporado se deslíe la harina en ½ taza de agua y se añade al guisado para que tome consistencia, se retira del fuego y se deja enfriar; se van haciendo las croquetas en forma de palotitos como de 15 cms. de largo, o del tamaño que se quiera. Se baten los huevos enteros, se pasan las croquetas por los huevos y se revuelcan en el pan rallado. En un sartén se van friendo a que tomen un bonito color dorado. Se pica muy fino la lechuga y se extiende en un platón; sobre ella se colocan las croquetas, se adornan poniéndoles alrededor rabanitos, rebanadas de tomate (jitomate) alternándose con ramitos de perejil; sobre cada croqueta se pone una rebanada de limón.

NOTA: Para las croquetas de pescado se pone a cocer éste, se desmenuza y se prepara en la misma forma que la jaiba.

56. Escabeche de camarones

Sra. Ma. Luisa Casasus de Herrera

Ingredientes:

1 kilo de camarones,
5 chiles de color (ancho),
5 dientes de ajo, un pedazo de cebolla,
4 hojas de laurel,
1 cucharadita de oregano,
¼ de litro de vinagre,
½ litro de aceite Betus,
1 cebolla grande,
6 chiles jalapeños en escabeche.

Manera de hacerse:

Los camarones ya limpios se fríen en 8 cucharadas de aceite, con la mitad del orégano. Los chiles se abren, se les quitan las semillas y las venas, se lavan y se ponen a remojar en vinagre hasta que se ablandan; se muelen con los dientes de ajo, la cebolla y el vinagre en que se remojaron, se fríen en ⅛ de litro de aceite dejándose un buen rato en el fuego para que el chile quede bien frito; si la salsa se reseca mucho se le puede poner más aceite hirviendo y una poquita de agua. Una vez frita se le agregan los camarones fritos y se dejan hervir en la salsa un ratito para que cojan el punto del escabeche, agregando el resto del oregano y el laurel. Este platillo se sirve caliente o frío adornando el platón con rebanadas de cebolla y chiles jalapeños. De la calidad del aceite depende el buen gusto del escabeche.

57. Otro escabeche de camarones

Sra. Edith Jordan de Sevilla

Ingredientes:

1 kilo de camarones cocidos y pelados,
4 chiles anchos,
1 taza de vinagre,
3 dientes de ajo,
1 cebolla,
2 hojas de laurel,
1 vaso de agua,
2 chiles jalapeños en vinagre,
¼ de litro de aceite de olivo,
1 cebolla para adorno.

Manera de hacerse:

Los chiles se remojan en el vinagre, se muelen con los ajos, la cebolla, las pimientas y sal. Los camarones ya cocidos y pelados se fríen en el aceite, se les agregan los chiles ya molidos, al soltar el hervor, se le ponen las hojas de laurel y los chiles en vinagre, se tapa la cacerola y se deja a fuego suave; cuando espesa se le pone ¼ de litro de agua, se deja hervir otro rato, se vacía al platón adornándose con rebanadas de cebolla.

58. Camarones en escabeche

Sra. Dolores G. deQuintanilla

Ingredientes:

1 kilo de camarón fresco pelado,
¼ de litro de aceite Ibarra,
½ kilo de tomate (jitomate),
1 cebolla,
4 chiles anchos,
¼ de litro de vinagre Búfalo,
3 dientes de ajo,
2 hojas de laurel,
oregano al gusto,
sal y pimienta.

Manera de hacerse:

A los chiles se les quitan las pepitas y se remojan en 1/8 de litro de vinagre. Los camarones se pelan en crudo, se fríen en el ¼ de litro de aceite; ya que están fritos se les agrega la salsa preparada de la siguiente manera:

Se muelen los chiles que ya se remojaron en el vinagre (éste vinagre ya no se utiliza) se les pone el otro 1/8 de litro de vinagre, el tomate (jitomate), los dientes de ajo y la cebolla; se agrega esto a los camarones, se deja hervir hasta que se sazona bien, se le pone el laurel, oregano, pimiento y sal, y se deja que hiervan otro poco de tiempo.

59. Camarones en escabeche

Srita. Eva Pérez Guzmán

Ingredientes:

1 kilo de camarones frescos,
4 cucharadas de vinagre,
10 cucharadas de aceite de cocinar,
1 cebolla,
1 chile ancho,
12 pimientas,
8 cominos,
6 ajos,
1 rajita de canela,
4 tomates maduros (jitomates),

1 ramita de mejorana,
1 ramita de tomillo,
7 hojas de laurel,
1 cebolla grande y sal.

Manera de hacerse:
Se muelen todas las especies con la canela y el chile ancho, que ya se habrá remojado de antemano en las 4 cucharadas de vinagre; una vez molido todo esto se fríe en las 10 cucharadas de aceite, agregándole el tomate que ya estará cocido, molido y colado, poniéndole enseguida las yerbas de olor, la sal y si se quiere se le puede poner un puntito de azucar; se agregan los camarones que ya estarán limpios sin la cascara, se deja hervir hasta que se cuecen los camarones, se coloca en un platón y se adorna con la cebolla rebanada.

60. Camarones rebozados

Srita. Benita Lee

Ingredientes:
1 kilo de camarón fresco,
½ taza de leche,
2 huevos,
1 taza de harina,
½ litro de aceite para freir,
2 cucharaditas de polvo de hornear,
½ taza de harina para espolvorear,
1 lechuga
aceite, vinagre, sal y pimienta.

Manera de hacerse:
Los camarones se pelan en crudo, se limpian bien y se sazonan con sal; los huevos se baten un poco, se les pone la leche y dos cucharadas de aceite, se sigue batiendo; se les agrega poco a poco la harina cernida con el polvo de hornear y un poco de sal. Los camarones se espolvorean con harina y se van poniendo uno a uno en la masa, procurando los cubra bien; se fríen en el aceite bien caliente; se sirven con la lechuga picada, sazonada de aceite, vinagre, sal y pimienta.

61. Empanadas de camarón

Sra. Ma. Antonieta Alanis Vda. de Salazar

Ingredientes para la pasta:

½ kilo de harina,
2 huevos,
2 cucharadas de Manteca de cerdo,
1 cucharadita de tequezquite,
¼ de litro de agua,
¼ de litro de aceite.

Ingredientes para el relleno:

¾ de kilo de camarón cocido,
3 chiles de color grandes (chile ancho),
12 pimientas,
6 clavos,
1 cebolla,
8 dientes de ajo,
unos cominos,
5 cucharadas de aceite de oliva.

Manera de hacerse:

Se pone al fuego el agua y el tequezquite; cuando suelta el hervor se retira y se deja enfriar un poco; la harina se mezcla con la manteca, los huevos, sal y el agua tibia de tequezquite suficiente para formar una masa, se extiende con el rodillo dejándose delgada, se cortan círculos, se les pone en el centro el relleno, se forman las empanadas y se fríen en el aceite.

Manera de hacer el relleno:

Los chiles se remojan, se muelen con las especies y los ajos, se fríen en el aceite; cuando están bien fritos se agrega la cebolla y cuando está un poco cocida, se agrega el camarón previamente molido y sal; se deja hervir durante 10 minutos para que sazone bien, se retira y se pone en las empanadas.

62. Tortas compuestas de camarón

Sra. Ma. Antonieta Alanis Vda. de Salazar

El camarón se hace en la misma forma que para las empanadas anteriores; se compran panes llamados MARGARITAS; secortan por enmedio y en cada parte se pone el camarón, rajas de chile poblano en vinagre y rebanadas de cebolla cruda; así se siven.

63. Camarones en frío

Sra. Esther Flores deTejeda

Ingredientes:

½ kilo de camarón fresco,
1 latita de chicharos,
250 gramos de zanahoria,
250 gramos de papas,
250 gramos de col,
1 frasco chico de mayonesa,
1 lechuga,
2 huevos cocidos,
aceite, vinagre, sal
y pimienta.

Manera de hacerse:

Los camarones se cuecen, se muelen y se mezclan con los chícharos y con las zanahorias, papas y col cocidas, y finamente picadas, se les agrega la mayonesa necesaria para unir las verduras, se sazona con vinagre, sal y pimienta; se vacía esta ensalada a moldecitos o tazas, se aprieta para que tome la forma y se voltean al platón, se adornan con una rebanada de huevo cocido y un copete de mayonesa; se rodean de la lechuga finamente picada y sazonada de aceite, vinagre, sal y pimienta.

64. Ensalada de camarones

Sra. Gloria Alicia Almaraz de Flores

Ingredientes:

½ kilo de camarones grandes limpios,
¼ de kilo de jamón cocido,
1 lata chica de chícharos,
1 lechuga,
1 papa grande,
2 huevos cocidos,
1 lata de pimientos morrones,
1 frasco chico de mayonesa,
1 limón,
mostaza, sal y pimienta.

Manera de hacerse:

A los camarones ya limpios se les pone el jugo de limón, se dejan reposar un rato, después se les agrega el jamón cortado en cuadritos, los chícharos, la lechuga picada, la papa y zanahoria cocidas y picadas, la mitad de los pimientos picados, se le agrega la mayonesa, se sazona con mostaza, sal y pimienta; se vacía al platón, se adorna con los pimientos restantes cortados en tiritas y las rebanadas de huevo cocido.

65. Ostiones al gratín

Sra. Esther Flores de Tejeda

Ingredientes:

75 ostiones,
125 gramos de mantequilla,
2 cucharadas de perejil picado,
4 cucharadas de pan molido,
salsa Inglesa Perrins,
pimienta de Cayena,
sal y pimienta blanca.

Manera de hacerse:

Se escurren los ostiones y se ponen en un platón refractario untado de mantequilla, se les pone sal, pimienta blanca, salsa inglesa

Perrins, pimienta de Cayena, el perejil picado, el pan molido y por ultimo, trocitos de mantequilla; se mete a horno de calor regular 360 grados y cuando dora se sirve inmediatamente.

66. Ostiones al horno

Srita. Olivia Cueto Torres

Ingredientes:

100 ostiones,
2 rebanadas grandes de tocino,
½ cebolla,
1 limón,
100 gramos de mantequilla,
50 gramos de queso Parmesano,
perejil.

Manera de hacerse:

Se pica el tocino en pedacitos, se pone al fuego en una cacerola; ya que se fríe, se le añade la cebolla y el perejil picado, enseguida se agregan los ostiones; ya que están hirviendo se le pone el jugo de limón, se deja hervir otro rato, cuidando no se resequen.

En 8 moldes de concha nacar, se pone un pedacito de la mantequilla, se agregan los ostiones divididos en 8 partes iguales, se espolvorean con el queso rallado, se meten al horno de calor regular 350 grados, para que seque un poco el jugo; se sirven muy calientes.

67. Ostiones Rockeffeler

Sra. Gutty Casains de Sosa

Ingredientes:

100 ostiones,
4 tiras de tocino,
100 gramos de queso Parmesano,
2 cucharadas de perjil picado,
1 cebolla,
1 limón,

60 gramos de pan molido,
150 gramos de mantequilla,
las conchas de los ostiones,
sal y pimienta.

Manera de hacerse:
Se pica muy fino el tocino, se pone al fuego en una sartén; cuando se funde la grasa, allí mismo se fríe la cebolla y el perejil picado, se agregan los ostiones, ½ taza de su jugo, limón, sal y pimienta al gusto; se dejan 5 a 10 minutos en el fuego; se retiran y se vacían a las conchas de los ostiones que estarán muy limpias y untadas de mantequilla; ya rellenas las conchas con varios ostiones, se cubren con pan molido, queso parmesano rallado y trocitos de mantequilla, se meten a horno de calor regular 350 grados; cuando doran se sirven inmediatamente.

68. Calamares en su tinta

Sra. Dolores T. de Mitates

Ingredientes:
1 docena de calamares,
¼ de cabeza de ajo,
1 cebolla mediana,
¼ de litro de aceite de olivo,
¼ de litro de vino tinto,
¼ de kilo de tomate (jitomate),
12 pimientas,
6 clavos de especie,
6 hojas de laurel,
1 ramita de perejil,
4 limones y sal.

Manera de hacerse:
Se limpian los calamares quitándoles la espina, se cortan en trocitos, se lavan en un poco de agua, se escurren y se ponen en jugo de limón en un recipiente durante dos horas para destufarse. Se fríen en el aceite los ajos bien picados, se agrega la cebolla, el tomate (jitomate), el perejil, pimienta, clavo y las hojas de laurel; se deja sazonar y se incorporan los calamares, que han sido previamente escurridos y se les habrá quitado la tinta, la que se disuelve en un

poco de agua y se le agrega a lo anterior; finalmente se agrega el vino y se deja hervir hasta que espesa y se sirve luego.

69. Calamares en su tinta

Sra. Lucía M. de Pérez

Ingredientes:

½ kilo de calamares chicos,
150 gramos de jitomate,
100 gramos de cebolla,
4 dientes de ajo,
⅛ de litro de aceite de olivo,
⅛ de litro de vino tinto,
1½ cucharaditas de azúcar.

Ingredientes para el arroz:

½ taza de arroz,
½ poro,
1 cucharada de manteca,
una y media tazas de agua.

Manera de hacerse:

Se limpian los calamares quitándoles la arena en varias aguas; con cuidado se desprenden del cuerpo, la cabeza, las barbas y las tripas; las primeras se dejan en un plato aparte, y a las tripas, se les quita la bolsita de tinta, poniéndose esta tinta en una taza, pues es el ingrediente principal de la salsa; se tiran las tripas; se les quita a la cabeza los ojos y una bolita dura que tienen en la cabeza, así como una espina que tiene a lo largo del cuerpo; se lavan perfectamente y se ponen a cocer con poca sal y poca agua, la que se estará removiendo hasta que se cuezan bien; deben quedar suavecitos y con muy poco jugo para que se concentre todo el que han soltado.

En el aceite se fríe la cebolla picada; cuando está acitronada se agrega el jitomate cocido, sin la piel, molido con el ajo y muy poca sal; cuando empieza a hervir se ponen los calamares crudos, debidamente partidos y el poco jugo en que se cocieron, el vino tinto, el azucar y la tinta de los calamares; se deja hervir hasta que se sazone; deben quedar con suficiente jugo.

Con el arroz, el poro, la manteca y el agua se hace un arroz blanco; para servirse se pone en un platón el arroz, formando una corona, en el centro se colocan los calamares en su tinta.

70. Calamares

Sra. María Antonia Alanis Vda. de Salazar

Ingredientes:

1 kilo de calamares,
2 tomates medianos (jitomates),
⅛ de litro de aceite de olivo,
1 cebolla mediana,
4 dientes de ajo,
10 pimientas,
4 clavos,
1 rama de mejorana,
1 rama de tornillo,
5 hojas de laurel,
un poco de orégano
y de comino.

Manera de hacerse:
A los calamares se les quita la espada y el pico, se cortan en pedazos, se ponen en una cacerola con el aceite, se agregan las especies molidas, la cebolla y los tomates (jitomates) picados, las hierbas de olor y sal; se tapa la cacerola y se ponen al fuego suave, hasta que están cocidos.

71. Pulpos estilo Tampico

Sra. Angela Casasus deDorbecker

Ingredientes:

1 kilo de pulpos,
¼ de litro de aceite Betus o Ibarra,
1 kilo de tomate (jitomate),
1 cebolla mediana,
½ frasquito de aceitunas,
½ frasquito de aclaparras,
4 dientes de ajo,
1 ramita de perejil,
3 limones,
¼ de litro de vino tinto.

Manera de hacerse:
A los pulpos se les quita la piedra y las bolsitas que contienen la tinta; se golpean los pulpos con un martillo, se parten en pedazos pequeños, se ponen en un recipiente con el jugo de los limones, se dejan ahí dos horas; después se lavan muy bien hasta quitarles el sabor ácido. Se pone al fuego el aceite, allí se fríe la cebolla y los dientes de ajo picados, el tomate (jitomate) molido y el perejil; cuando todo está hirviendo se ponen los pulpos y el vino, dejándose hervir hasta que los pulpos están suaves, se agregan las aceitunas y las alcaparras; se deja dar un hervor.

NOTA: Si se quiere queden obscuros, se agrega un poco de su tinta, dejándolos hervir un poco para que se sazonen bien.

72. Langosta en frío

Srita. Ana María Paniagua Calvo

Ingredientes:
1 langosta cocida,
3 jitomates,
1 lechuga romanita,
1 taza de salsa tártara,
perejil para adornar.

Manera de hacerse:
Se pone en un platón la lechuga romanita, se coloca sobre ella la langosta rebanada, se adorna con rebanadas de jitomate y ramas de perejil; se cubre con la salsa tártara.

73. Tortitas de langosta seca

Sra. Gabriela P. de Ramírez

Ingredientes:

1 langosta seca tamaño grande,
2 huevos,
2 cucharadas de harina,
½ cebolla,
¼ de litro de aceite,
1 lechuga,
2 tomates (jitomates),
orégano, sal y pimienta.

Manera de hacerse:

Se pone a remojar la langosta, ya remojada se pone a cocer conla cebolla, oregano y sal al gusto; cuando está cocida se desmenuza y se añade la harina, los huevos, sal y pimienta.

Se hacen unas tortitas, se fríen en el aceite bien caliente, se adornan con rebanadas de tomate (jitomate) y hojas de lechuga.

74. Estofado de tortuga

Sra. María Antonieta Alanis Vda. de Salazar

Ingredientes:

1 tortuga,
50 gramos de chile de color (chile ancho),
12 pimientas,
5 clavos,
50 gramos de manteca,
250 gramos de tomate (jitomate),
6 ajos,
¼ de cucharadita de orégano,
1 rama de tomillo,
5 hojas de laurel,
50 gramos de aceitunas,
50 gramos de alcaparras,
⅛ de litro de vino de jerez dulce.

Manera de hacerse:

La tortuga se parte en trozos y se lavan bien; los huevos amarillos y los huevos blancos se ponen a cocer por separado en distintos trastes; las tripas de la tortuga se lavan muy bien. En la manteca se fríen las especies molidas con el chile; cuando están bien fritas se les pone la cebolla y el tomate (jiomate), las aceitunas, las alcaparras, la carne de la tortuga, el higado, las tripas, también las yerbas de olor y el jerez, se tapa la cacerola. Cuando está bien cocida la tortuga, se agregan los huevos amarillos y los blancos yacocidos. Se sirve muy caliente.

CARNES

75. Carne asada a la tampiqueña

Sra. Josefina B. G. de Ruiz

Ingredientes:

½ kilo de filete,
½ queso de asadera,
6 tortillas,
4 cucharadas de aceite,
2 chiles de color (chile ancho),
1 limón,
2 aguacates,
1 cebolla grande.

Ingredientes para la salsa verde:

10 chiles verdes,
1 rama de cilantro,
frijoles negros caldosos muy bien preparados.

Manera de hacerse:

Se abre el filete a lo largo, como si fuera a hacerse cecina (no en bisteks), se espolvorea con sal y pimienta y unas gotas de limón; se asa a la parrilla de preferencia en lumbre de carbón, lo mismo se hará con el queso asadero procurando que su paso por la parrilla sea muy breve, para evitar que se queme. Se ponen esas dos cosas en un platón largo, poniendo en su centro las seis tortillas previamente pasadas por los chiles de color ligeramente asados, remojados, molidos y fritos en el aceite; estas tortillas se colocan dobladas una encima de la otra; se adorna el platón con tiras de aguacate y rebanadas de cebolla.

Se completa el plato con dos cazuelitas de barro, una con frijoles negros caldosos muy bien preparados y la otra con salsa de chile preparada de la siguiente forma: Los chiles se asan en el comal, se muelen en el molcajete con sal y una rama de cilantro, agregándole un poco de agua para que no quede espesa.

76. Pastel de carne

Sra. Gertrudis B. de Vargas

Ingredientes:

½ kilo de aguayón molido,
½ kilo de lomo de cerdo molido,
2 huevos cocidos,
8 galletas de soda desmenuzadas,
1 cebolla chica,
¼ de litro de leche,
50 gramos de tocino en tiras,
1 lechuga,
2 huevos cocidos,
aceite, vinagre, sal y pimienta.

Manera de hacerse:

Las dos carnes molidas se mezclan con los dos huevos crudos, las galletas desmenuzadas, la cebolla fínamente picada y la leche se sazona con sal y pimienta; se vacía a un molde refractario engrasado, se le ponen encima las rebanadas de tocino, se mete a horno de calor regular 350 grados.

Cuando está cocido se vacía al platón, se adorna poniendo a su alrededor la lechuga fínamente picada, sazonada de aceite, vinagre, sal y pimienta, y rebanadas de huevo cocido.

77. Lomo de puerco con pechugas de gallina

Sra. Ma. Del Refugio M. Vda. de Flores

Ingredientes:

1 kilo de lomo de puerco hecho cecina,
3 pechugas de gallina,
1 latita de chiles morrones,
125 gramos de aceitunas,
1 cebolla,
750 gramos de papa,
50 gramos de mantequilla,
¼ de litro de leche,
1 lata de puntas de espárrago,
sal y pimienta.

Manera de hacerse:
El lomo se unta de sal y pimienta, las pechugas se cocen, se deshebran en tamaño de 2 cms., los chiles morrones se cortan en tiritas, lo mismo las aceitunas. Sobre el lomo se forman líneas verticales, con la pechuga y sobre éstas se colocan tiras de chile morrón y aceitunas; se hace un rollo, se envuelve en una servilleta, se amarra con un cordoncito y se pone a cocer en agua con la cebolla, sal y pimienta.

Ya cocido y frío se rebana, se colocan las rebanadas en el platón y se adornan con el puré preparado de la siguiente manera: Las papas se ponen a cocer con cascara, ya cocidas se pelan, se prensan, se mezclan con la leche y la mantequilla, se sazona con sal y pimienta y se pone al fuego, hasta que se forma un puré de buena consistencia, se pasa por la coladera de agujeritos grandes, para que caigan cordones de puré sobre el platón con las rebanadas de carne, se termina el adorno con las puntas de espárrago. Es plato frío.

78. Rollo de carne

Sra. Gloria Alicia Almaraz de Flores

Ingredientes:

½ kilo de carne de puerco molida dos veces,
100 gramos de tocino en tiras,
1 cebolla,
4 dientes de ajo,
3 cucharadas de aceite de olivo,
20 pimientas,
75 gramos de pan molido,
½ kilo de carne de res molida dos veces,
¼ de kilo de jamón crudo,
4 huevos,
3 cucharadas de mayonesa,
1 cucharada de perejil picado,
1 cucharada de cilantro picado, mostaza, sal y pimienta.

Manera de hacerse:
Las carnes se vuelven a moler con el jamón, la cebolla, los dientes de ajo y la pimienta; se le agregan los huevos, una cucharadita de

mostaza y sal; se hacen pequeños rollitos, se les pasa por el pan molido, y se colocan en una budinera; se les unta un poco de mostaza y se les pone encima las tiras de tocino, 2 cucharadas de aceite y ½ litro de agua caliente; se mete al horno de 400 grados de calor, se deja ahí por espacio de una hora y media o sea hasta que están cocidos, se sirven con la salsa preparada de la siguiente manera:

Al jugo que soltó la carne en el horno se le agrega una cucharadita de aceite, la mayonesa, el perejil y el cilantro picados finamente; la salsa se sirve aparte en una salsera.

79. Carne dorada en salsa negra

Sra. Delfina Trejo deAraujo

Ingredientes:

600 gramos de filete o carne suave,
2 cucharadas de cebolla picada,
2 cucharadas de cilantro picado,
3 cucharadas de aceite,
¼ de kilo de tomate de cascara (tomate verde),
1 limón,
3 chiles pasilla,
1 naranja,
sal y pimienta.

Manera de hacerse:

La carne se unta con limón y aceite, se sazona con sal y se asa a buen fuego, sobre una parrilla o sartén; se lleva a la mesa acabada de preparar y se sirve con la salsa preparada de la siguiente manera:

Los tomates se cuecen con poca agua, luego se muelen con los chiles que antes se habrán desvenado, asados ligeramente y remojados en agua caliente, se agrega la cebolla, el ajo y el cilantro bien picado, el jugo de la naranja, una cucharada de aceite y sal; se lleva a la mesa en una salsera.

80. Carne fría rápida

Sra. Magdalena León de Vázquez

Ingredientes:

500 gramos de carne molida de cerdo,
500 gramos de aguayón molido,
2 huevos,
50 gramos de pan molido,
1 latita chica de chícharos,
200 gramos de jamón,
2 chiles jalapeños,
1 cebolla chica,
3 dientes de ajo,
2 hojas de laurel,
1 rama de tomillo,
1 rama de mejorana,
3 huevos cocidos para adorno.

Manera de hacerse:

Las dos carnes se mezclan con los huevos, el pan, los chiles desvenados y cortados en tiritas, los chícharos, sal y pimenta; ya bien mezclado todo se extiende con la mano formando un circulo, en el centro se le pone el jamón que debe estar rebanado, se dobla en forma de taquito y se coloca en el círculo que se ha hecho con la carne; todo esto se coloca en una servilleta, se enrolla bien, se cosen las orillas con aguja e hilo para que no se afloje la servilleta; se pone a hervir en suficiente agua con la cebolla, los dientes de ajo, las hierbas de olor y sal, debe hervir 1 ½ ó 2 horas, entonces se retira del fuego, se escurre bien, después se prensa, se rebana y se adorna con ruedas de huevo cocido.

81. Palmito con carne seca

Sra. María Antonia Alanis Vda. de Salazar

Ingredientes:

1 palmito (corazón de una palmera de la región),
½ kilo de carne seca o cecina,
1 chile de color (chile ancho),

6 pimientas,
1 cucharadita de semilla de cilantro,
4 dientes de ajo,
1 cebolla mediana,
1 tomate (jitomate),
2 litros de caldo en que se coció la carne,
¼ de litro de leche,
4 cucharadas de aceite.

Manera de hacerse:
La carne seca se pone a cocer en suficiente agua para que queden 2 litros del caldo en que se coció; ya que está cocida la carne se pica. La semilla de cilantro se tuesta, se muele con las especies, y el chile de color remojado, se fríen en el aceite; cuando están bien fritas, se le pone la cebolla, los dientes de ajo y el tomate (jitomate) molidos; cuando espesa se pone el palmito picado y los dos litros de caldo en que se coció la carne; cuando el palmito está cocido se le añade la carne seca picada y la leche, dejándose dar un hervor; debe quedar en caldillo.

NOTA: El palmito comienza a picarse cuando ya están cocidas las especies, si se pica con anterioridad se hace amargo.

82. Jamón con piña

Sra. Lesbia Gallegos de Muguruza

Ingredientes:
1 kilo de jamón cocido,
100 gramos de mantequilla,
100 gramos de nuez,
1 lata mediana de mermelada de piña.

Manera de hacerse:
El jamón se rebana en rebanadas del grueso de 1 ½ ctms. y se parte a la mitad cada rebanada.

Se colocan en un platón refractario trocitos de la mantequilla, se ponen encima las rebanadas de jamón y más mantequilla, se mete a horno de calor regular 350 grados durante 15 minutos. Al servirse se cubre con la mermelada de piña y la nuez finamente picada.

83. Rosca de carne

Sra. Ivonne Nasrrallah denader

Ingredientes:

500 gramos de carne molida de res,
500 gramos de carne molida de puerco,
1 lata de chícharos,
1 lata de pimientos morrones,
1 cebolla,
2 chiles jalapeños,
100 gramos de aceitunas rellenas,
1¼ de litro de crema fresca del día,
2 cucharadas de mostaza,
1 lechuga,
clavo molido, pimienta y sal,
yerbas de olor.

Manera de hacerse:

Se cocen las carnes con sal y pimienta, la cebolla y las yerbas de olor; ya cocidas se muelen de nuevo en el molino junto con los chiles jalapeños desvenados y un poco de clavo; ya molida se mezcla con la crema y la mostaza y los chícharos, se pone en un platón extendido formando una rosca, poniéndole en el centro la lechuga finamente picada y alrededor se adorna con tiritas de pimiento morrón y las aceitunas.

84. Pathe de puerco

Sra. Gloria Alicia Almaraz de Flores

Ingredientes:

½ kilo de hígado de puerco en trozo,
350 gramos de mantequilla,
1 cabeza de ajos grande,
1 cebolla chica,
1 lata de pimientos morrones,
1 lata de chiles jalapeños,
yerbas de olor, sal y pimienta,
2 panes de caja en rebanadas.

Manera de hacerse:
Se pone a cocer el hígado en trozo, con las yerbas de olor, el ajo, la cebolla y sal; ya cocido se escurre bien y se corta en pedazos chicos, se muele con un poco de caldo, en que se coció el hígado; se le agrega la mantequilla batiéndose bien para que forme una pasta suave, con la que se untan las rebanadas de pan, las que se adornan con tiritas de pimiento y rajas de chile jalapeño.

85. Pastel de carne

Sra. Socorro C. de Guerra

Ingredientes:
½ kilo de carne de res molida,
¼ de kilo de carne de puerco molida,
30 gramos de pan blanco remojado en leche,
2 huevos crudos,
2 cucharadas de perejil picado,
1 cucharada de cebolla molida,
3 huevos cocidos,
4 tiras de tocino,
3 cucharadas de pan molido,
2 cucharadas de aceite,
1 lata de pimientos morrones,
1 lata de chiles jalapeños, yerbas de olor, sal y pimienta,
2 panes de caja en rebanadas, sal y pimienta.

Manera de hacerse:
Las carnes se mezclan con el pan remojado en la leche, el perejil, la cebolla y los huevos crudos, se sazonan con sal y pimienta. Se unta de aceite un platón refractario, se le pone la mitad de la carne, luego una capa de rebanadas de huevo cocido, espolvoreadas de sal y pimienta; se pone el resto de la carne, se espolvorea con el pan molido, se cubre con las tiras de tocino y se mete al horno de calor regular 350 grados. Cuando está bien cocido se sirve inmediatamente.

86. Salpicón de venado

Sra. Ma. Guadalupe M. de Villarreal
(María de los Sagrarios)

Ingredientes:

1 kilo de lomo o pulpa de venado,
1 cebolla mediana,
3 dientes de ajo,
4 pimientas gruesas,
3 hojas de laurel,
1 lechuga,
1 manojo chico de cilantro,
4 chiles serranos,
6 limones,
1 manojo de rábanos,
1 paquete de galletas saladas,
sal.

Manera de hacerse:

Se lava y se limpia de nervios y pellejos la carne, poniéndose a cocer con sal, el laurel, los ajos y las pimientas. Ya bien cocida se pica muy fino y en un recipiente se revuelve con el jugo de los limones, el cilantro, los chiles, la cebolla y sal suficiente, estos ingredientes todos picados; si el jugo de limón es poco se le puede agregar al gusto. En un platón se coloca todo rodeado de hojas de lechuga, rabanitos y rodajas de limón. Es un platillo tropical que se sirve en frío acompañada de galletas saladitas.

87. Pollo con crema

Sra. Evangelina P. de Zapien

Ingredientes:

1 pollo tierno,
6 cucharadas de aceite,
¼ de kilo de papa,
¼ de litro de crema fresca del día,
¼ de tomate (jitomate),
1 cebolla,

Manera de hacerse:

El pollo se parte en piezas, se pone a cocer con la cebolla y sal; ya cocido se escurre bien y se fríen en el aceite las piezas hasta que toman un bonito color dorado. El tomate (jitomate) se pone a cocer, se muele con la crema, se sazona de pimienta y sal; las papas se pelan y se rebanan en crudo. En un platón refractario engrasado se ponen las piezas de pollo, se cubren con las tiritas de papa y con la salsa de tomate (jitomate) y crema; se mete al horno de 350 grados. Cuando dora se sirve luego.

88. Gallina en almendra

Sra. Rebeca Sánchez Vda. de Gutiérrez

Ingredientes:

1 gallina,
50 gramos de almendra,
20 gramos de pan blanco,
1 yema de huevo cocido,
2 clavos de especie,
2 cebollas,
2 dientes de ajo,
30 aceitunas,
5 chiles en vinagre,
1 cucharada de mostaza,
40 gramos de manteca,
sal y pimienta.

Manera de hacerse:

La gallina se parte en piezas y se pone a cocer con la cebolla. Las almendras con cáscara y el pan se fríen en la mitad de la manteca; ya fritas se muelen con el ajo, la cebolla, los clavos y la yema, todo esto se deshace en ½ litro del caldo en que se coció la gallina, y se fríe en la manteca restante, se le agregan las piezas de la gallina. Ya cocidas, se sazona con sal y pimienta; cuando espesa se le añaden las aceitunas y los chiles en vinagre, se deja dar un hervor y se sirve luego.

DIVERSOS

89. Plátano macho estilo Tampico

Sra. Carmen R. de González

Ingredientes:

1 kilo de plátano macho o largo,
⅛ de litro de aceite,
1 cebolla chica,
1 tomate (jitomate),
½ kilo de camarón seco o fresco ya cocido,
¼ de chile suluamero,
4 cucharadas de aceite para la salsa,
pimienta y sal.

Manera de hacerse:
El plátano se pone a cocer; cuando está frío se muele muy bien, se fríe en el aceite, friendo también la cebolla picada y el tomate (jitomate) molido con pimienta; cuando está bien frito y bien seco se retira, se sirve en platos individuales poniendo a un lado los camarones cocidos rociados con la salsa.

Manera de hacer la salsa:
Se limpian los chiles sin mojarse, se muelen, se fríen en el aceite, se les agrega una taza de agua y sal, se dejan hervir un poco y se sacan.

90. Chiles rellenos

Sra. Paz R. de Vallejo

Ingredientes:

¾ de kilo de carne de cerdo en trozo,
100 gramos de alcaparras,

100 gramos de almendras,
100 gramos de pasitas,
2 chiles anchos
¼ de kilo de tomate (jitomate),
15 chiles jalapeños,
5 huevos,
¼ de litro de aceite,
100 gramos de aceitunas,
2 cebollas,
4 dientes de ajo,
40 gramos de harina,
cominos, sal y pimienta al gusto.

Manera de hacerse:
Los chiles jalapeños se asan, se desvenan, se ponen un día en agua de sal para quitarles lo picante; los chiles anchos se desvenan, se muelen con el jitomate y las especies, una cebolla y los dientes de ajo; la carne se pone a cocer con cebolla y ajo. Ya cocida se pica finamente y se fríe en dos cucharadas de aceite, se le agrega la mitad de la salsa de tomate (jitomate) y el chile, las aceitunas picadas, alcaparras, pasas y las almendras peladas y picadas, se sazona con sal y pimienta, se deja hervir hasta que espesa, se retira del fuego y se rellenan los chiles que estarán muy bien escurridos, se les pasa por la harina y por los huevos batidos, se fríen en el aceite, se ponen en el caldillo a que den un hervor y se sirven muy calientes.

Manera de preparer el caldillo:
En dos cucharadas de aceite se fríe la salsa restante, cuando espesa se pone ½ litro de caldo en que se coció la carne, se sazona con sal y con pimienta; ya que ha hervido un poco, se ponen los chiles, se dejan dar unos hervores y se sirven.

91. Jacubes con camarón

Sra. Juana Gutiérrez

Ingredientes:
½ kilo de jacubes,
3 cucharadas de aceite,
1 chile ancho grande,
¼ de kilo de camarón fresco,
1 rama de cilantro,

1 cucharada de oregano, hoja Chiquita,
6 dientes de ajo,
1 cebolla,
2 huevos cocidos, sal y pimienta.

Manera de hacerse:
Los jacubes se parten en ruedas delgadas y se ponen a cocer con un pedazo de cebolla; ya cocidas se escurren bien, se fríen en el aceite al mismo tiempo que la cebolla cortada en rebanadas muy delgadas y los ajos picados; ya que están bien fritos se agrega el chile remojado y molido, los camarones ya limpios, el cilantro picado y el orégano desbaratado con la mano, sal y pimienta; se deja en el fuego hasta que se sazona todo, se vacía al platón y se adorna con los huevos cocidos cortados en rebanadas.

92. Rollitos de papa empanizados

Sra. Evangelina P. de Zapien

Ingredientes:
½ kilo de papas,
¼ de kilo de queso fresco,
2 huevos,
100 gramos de pan molido,
¼ de litro de aceite.

Manera de hacerse:
Las papas se ponen a cocer; ya cocidas se les quita la cascara, se prensan, se hacen tortillitas, se les pone encima queso fresco y se les da una embarradita de huevo, se enrollan, se les pone pan molido y se fríen en el aceite.

93. Bombo con camarón fresco

Sra. Juana Gutiérrez

Ingredientes:

½ kilo de bombó fresco,
150 gramos de camarón fresco crudo,
6 dientes de ajo,
1 cebolla,
1 cucharada de pimiento,
1 cucharada de orégano,
3 cucharadas de aceite,
sal y pimienta.

Manera de hacerse:

El bombó se limpia con un trapo húmedo: si se lava suelta mucha baba; se corta en ruedas, se le quitan los rabitos y se fríe junto con la cebolla picada y los ajos picados, se agrega el camarón ya limpio y cuando ya esté cocido, se tapa y se le pone el pimientón para que dé color, el oregano, sal y pimienta. Debe de quedar un poco seco.

94. Tortas económicas de plátano jamaico

Sra. Angélica B. de Leal

Ingredientes:

3 plátanos jamaico,
1 taza de harina,
1 huevo,
2 cucharaditas de polvo de hornear,
1 cucharada de azúcar,
⅛ de cucharadita de sal,
½ taza de leche,
20 gramos de mantequilla,
1 taza de azúcar para espolvorear,
1 cucharada de canela molida
¼ de litro de aceite Lirio.

Manera de hacerse:
En un traste hondo se mezclan la mantequilla, la cucharadita de azúcar, la sal, el huevo y la leche; ya que están bien mezclados se agrega la harina, el polvo de hornear y los plátanos pelados, cortados en pequeños cuadritos; se toman con una cuchara porciones de esta masa y se van poniendo en el aceite bien caliente; se les dan dos vueltas para que queden doraditas, se sacan del aceite y se espolvorean con el azúcar mezclada con la canela.

Se toman caleintitas en el desayuno o en la merienda.

95. Chiles rellenos de camarón en frío

Sra. Estela Alicia G. de Villada

Estos chiles sirven para paseos o para platos fríos

Ingredientes:
6 chiles para rellenar,
½ kilo de camarón fresco del día cocido,
¼ de kilo de tomate (jitomate),
3 dientes de ajo,
1 cebolla grande,
2 cucharadas de aceite para el camarón,
50 gramos de aceitunas,
50 gramos de alcaparras,
30 gramos de pasitas,
4 cucharadas de aceite,
¼ de litro de vinagre,
orégano, una lechuga y un manojo de rábanos.

Manera de hacerse:
La noche anterior que se va a servir este platillo, se asan muy ligeramente los chiles en la llama de la estufa o en la lumbre, se envuelven en una servilleta y cuando enfrían, se desvenan, se les quita la piel, se lavan y se escurren bien; se ponen en una cacerola con el vinagre, el aceite, la cebolla rebanada, el oregano y sal,

se dejan así toda la noche. Al día siguiente se escurren bien y se rellenan con el relleno preparado de la siguiente manera: En dos cucharadas de aceite se fríe el tomate (jitomate) asado, molido con el ajo y la cebolla; cuando empieza a espesar se agrega el camarón cocido, al que se le habrá quitado la cabeza, patas y el caparazón y se habrá molido; se añaden las alcaparras, pasas y las aceitunas deshuesadas. Se sazona con sal y pimienta y se deja en el fuego hasta que forma como una pasta, se retira del fuego y cuando enfría se rellenan los chiles, se colocan en el platón, se sirven con la lechuga picada, sazonada con el mismo vinagre en que estuvieron los chiles. Se adorna con los rabanitos.

ANTOJITOS

96. Torta Moctezuma

Sra. Ramona P. Vda. de Collado

Ingredientes:

4 docenas de tortillas,
200 gramos de queso añejo,
2 huevos,
225 gramos de tomate (jitomate),
300 gramos de lomo de cerdo en trozo,
¼ de litro de aceite.

Manera de hacerse:
La carne ya cocida se corta en cuadritos, se fríe en 3 cucharadas de aceite; cuando dora se le agrega el tomate cocido, molido y sal; se deja en el fuego hasta que espesa. Los huevos enteros se baten, las tortillas se mojan en los huevos y se fríen ligeramente en el aceite cuidando no se endurezcan. En un platón refractario engrasado se pone un poco de salsa de la carne, se acomodan las tortillas en forma de círculo y en cada capa de éstas se le va poniendo salsa, carne y queso rallado, así hasta terminar poniendo la última capa de salsa, carne y queso; se mete al horno de calor regular 350° durante 30 minutos. Se sirve caliente y se parte como pastel.

97. Empanadas de cazón

Sra. Dora Alicia I. de Treviño

Ingredientes:

½ kilo de masa para tortillas,
¼ de litro de aceite,
½ kilo de cazón,
4 dientes de ajo,
¼ de kilo de tomate (jitomate),
1 cebolla,

cilantro o epazote,
yerbas de olor,
un poco de salsa picante.

Manera de hacerse:
El cazón se pone a cocer en agua hirviendo, con dos dientes de ajo, la mitad de la cebolla, las yerbas de olor y sal; ya estando cocido se deja enfriar y se desmenuza. En tres cucharadas de aceite se fríe el tomate (jitomate) asado y molido con el ajo y la cebolla restante; cuando empieza a hervir se agrega el cazón cocido y desmenuzado y el cilantro o epazote al gusto; se sazona con sal y pimenta y se deja hervir hasta que reseca, se retira del fuego. La masa se mezcla con un poco de agua y sal, se hacen pequeñas tortillas que se rellenan con el relleno de cazón; se les pone un poco de salsa picante al gusto, se cierran fomándose las empanadas y se fríen en el aceite caliente.

NOTA: Al relleno se le pueden agregar aceitunas, alcaparras y pasitas, quitando el cilantro o epazote.

98. Taquitos de camarón

Sra. Rafaela A. de Chávez

Ingredientes:
25 tortillas,
¼ de kilo de camarones frescos cocidos,
150 gramos de manteca,
100 gramos de queso añejo,
50 gramos de mantequilla,
⅛ de litro de crema fresca del día,
¼ de kilo de papas,
¾ de kilo de tomate (jitomate),
1 cebolla
6 chiles jalapeños.

Manera de hacerse:
En una cucharada de manteca se fríe la mitad de la cebolla picada, la mitad del tomate (jitomate) molido y colado, las papas cocidas

y cortadas en cuadritos, los camarones cocidos también picados; se sazona con sal y pimienta, se deja hervir hasta que espesa, se retira del fuego. Las tortillas se fríen ligeramente en manteca, se rellenan con lo anterior, se enrollan y se colocan en un platón refractario untado de mantequilla, capas de taquitos, de salsa, queso rallado, crema, trocitos de mantequilla, así hasta terminar; se mete al horno de calor regular 350°. Cuando toma un bonito color dorado se le sirve inmediatamente.

Manera de hacer la salsa:
En una cucharada de manteca se fríen los chiles asados, desvenados y cortados en tiritas; cuando están bien fritos se agrega el tomate (jitomate) molido con la otra mitad de la cebolla, se sazona con sal y se deja hervir hasta que espesa.

99. Entomatadas rojas a la tampiqueña

Sra. Consuelo Guzmán de Martínez

Ingredientes:
18 tortillas chicas,
½ kilo de tomate rojo (jitomate),
1 cebolla,
4 chiles serranos,
1 cebolla chica,
2 dientes de ajo,
1 pollo chico cocido,
100 gramos de queso,
cominos al gusto,
¼ de litro de aceite,
1 lechuga,
1 tomate (jitomate),
1 manojo de rabanitos.

Manera de hacerse:
En 4 cucharadas de aceite se fríe el tomate (jitomate) cocido y molido con el ajo, la cebolla y los cominos, se sazona con sal y se deja freír un poco; se retira del fuego. En esta salsa se van metien-

do las tortillas una a una, y se pasan a una sartén para freirse por los dos lados; se colocan en un platón doblándose por la mitad rellenándolas con el pollo cocido y desmenuzado, así sucesivamente hasta terminar todas las tortillas, poniéndoles encima la salsa sobrante y el queso rallado.

Se adorna el platón con hojas de lechuga, rebanadas de tomate (jitomate) y rabanitos cortados en forma de flor.

100. Enchiladas tultecas

Sra. Juana Gutiérrez

Ingredientes:

2 pollos cocidos y fritos,
500 gramos de papas,
1 chorizo español,
2 chayotes,
1 lata de chícharos,
150 gramos de queso fresco,
1 patita de puerco en vinagre,
25 tortillas delgadas que se hacen con masa mezclada con chile ancho molido,
1 latita de chiles bolita en vinagre,
100 gramos de manteca de unto,
1 lechuga y un manojo de rábanos,
Frijoles bayos.

Manera de hacerse:

El pollo se corta en pequeñas piezas, se pone a cocer y después se fríe en la manteca. En dos cucharadas de manteca se fríe el chorizo, las papas y chayotes cocidos y cortados en cuadros; a las tortillas se les da una pasada en manteca cuidando no doren; se colocan extendidas sobre el platón, se les pone primero una capa de las papas, chorizo y chayote, los chícharos, la lechuga finamente picada, pedacitos de patita de puerco, unos chiles, queso desmoronado y al ultimo un pedazo del pollo frito encima de cada enchilada; se adornan con rueditas de rábano. Se sirven acompañadas de los frijoles bayos.

101. Enchiladas tampiqueñas

Sra. Lucina A. de Tessada

Ingredientes:

20 tortillas,
¾ de kilo de tomate (jitomate),
¼ de litro de aceite,
¼ de litro de crema fresca del día,
½ cebolla
6 pimientas y sal.

Manera de hacerse:
Los tomates (jitomates) se asan, se muelen con las pimientas, la cebolla y sal, se fríen en dos cucharadas de aceite, dejándose hervir hasta que forma una salsa espesa. La crema se bate y se sazona con sal, las tortillas se fríen ligeramente en el aceite: a cada tortilla extendida se le pone una cucharada de crema batida y unas de salsa, se doblan como quesadillas, se colocan en un platón refractario engrasado, se les pone encima la crema y salsa restantes, se meten al horno de calor regular 350°, durante 15 minutos. Se sirven calientes.

102. Sopitos pepina

Sra. Lucia S. de Díaz Infante

Ingredientes:

6 tortillas calientes, suaves,
¼ de cebollas picadas muy fino,
1 tomate (jitomate) molido,
2 chiles verdes serranos en rueditas,
1 huevo,
4 cucharadas de aceite.

Manera de hacerse:
Se cortan las tortillas en cuadritos, se pasan por el aceite previamente caliente, cuidando no doren y que queden suaves, se les agrega la cebolla picada fínamente, los chiles cortados en rueditas

y el tomate molido; se menea suavemente con un tenedor. Por ultimo se agrega el huevo que se habrá batido en una taza; inmediatamente que se cueza el huevo, se retira y se sirven luego.

103. Enchiladas de Doña Galdina

Sra. Ma. Antonia Alanis Vda. de Salazar

Ingredientes:

30 tortillas,
100 gramos de chile de color (chile ancho),
1 gallina,
½ kilo de papas,
250 gramos de queso blanco,
2 cebollas grandes,
150 gramos de manteca.

Manera de hacerse:

La gallina se parte en piezas y se pone a cocer, el chile se remoja en el caldo en que se coció la carne de gallina, se muele con el mismo caldo, formándose una salsita; en esta salsa se mojan las tortillas y se fríen ligeramente en la manteca, cuidando no se doren; se voltean por ambos lados y al sacarles se les pone adentro la cebolla picada muy fina y mezclada con el queso desmenuzado. Se ponen en el platón. Después de fritas las tortillas, se fríen los trozos de gallina ya cocidos y se ponen en el mismo platón; por ultimo se fríen las papas cocidas y picadas en cuadritos y se colocan también en el platón.

TAMALES y ATOLE

104. Tamal de cazuela

Sra. Enriqueta B. Vda. de Genny

Ingredientes:

1 kilo de carne de puerco sin hueso,
1 kilo de masa,
¼ de kilo de manteca,
½ kilo de tomate (jitomate),
1 cebolla,
2 chiles de color (chile ancho), cominos al gusto, sal y pimienta.

Manera de hacerse:
Se pone a cocer la carne en pedacitos; cuando esté a medio cocer se saca del fuego y se apartan dos tazas de caldo para ablandar la masa; se muelen el tomate, la cebolla, el chile de color y las especies; se fríen en toda la manteca. Cuando ya está frita la salsa se pone la masa, ya ablandada con el caldo; se deja hervir hasta que se despegue del cazo, se le agrega la carne y se revuelve muy bien.

Se pone en un molde refractario y se hornea hasta que se dora a horno de calor regular, 350°.

105. Tamales de puerco con Chilpan

Srita. Cecilia Fernández del Castillo

Ingredientes:

1 kilo de masa quebrada,
½ kilo de costillitas tiernas de cerdo,
200 gramos de manteca de cerdo,

4 chiles de color (chile ancho),
50 gramos de manteca de res,
150 gramos de ajonjolí,
1 cucharada de pimienta negra,
2 cucharadas de las semillas de los chiles,
½ litro de caldo de res,
1 manojo de hojas de plátano.

Manera de hacerse:
Se baten la manteca de res y la de cerdo con la sal hasta que esponjan; se agrega la masa y el caldo, se bate hasta que desprende del traste: debe quedar una masa muy suave que se pueda extender. A las hojas de plátano se les quitan las venas que tienen en el centro, se cortan en cuadros y se soasan para que se suavisen; se mojan las manos con caldo para extender sobre las hojas una capa ligera de masa, se les pone en el centro un poco del chilpan o sea el relleno, se doblan formándose los tamales y se cocen a vapor durante una hora.

Manera de hacer el Chilpan:
Este relleno va en crudo y se hace de la siguiente manera: Se tuestan los chiles, la pimienta, las semillas y el ajonjolí; el chile se remoja en agua, después se muele todo junto, se les agrega la carne en trocitos también cruda, sal al gusto, y se pone en los tamales.

106. Tamales de carne seca

Sra. Juana Gutiérrez

Ingredientes de la masa:
1 kilo de masa para tortillas,
100 gramos de manteca de res,
200 gramos de manteca vegetal INCA,
caldo en que se coció la carne,
hojas secas de maíz.

Ingredientes para el relleno:
½ kilo de carne seca gorda,
¼ de kilo de chile de color (chile ancho),

40 gramos de manteca,
¼ de kilo de tomate de bolsa
(tomate verde),
3 dientes de ajo,
5 pimientas negras.

Manera de hacerse:
Se bate la manteca de res hasta que esponja, se le agrega la manteca vegetal Inca; ya que está bien mezclada se incorpora la masa y el caldo de la carne, el necesario a formar una masa de buena consistencia para tamales. Las hojas de maíz se remojan, se escurren bien, con una cuchara se les unta un poco de la masa, se les pone en el centro un poco del relleno de carne, se doblan formándose los tamales y se cuecen a vapor durante una hora.

Manera de hacer el relleno:
La carne seca se pone a cocer, ya cocida se pica; el chile se tuesta, se remoja en ¼ de litro de caldo tibio en que se coció la carne, después se muele con las especies, el ajo y los tomates cocidos; se fríe en la manteca y se le agrega la carne; se deja hervir hasta que queda un poco reseca, entonces se pone en los tamales.

107. Tamales de pescado

Llamado Bagre o Ajolote

Sra. Juana Gutiérrez

Ingredientes de la masa:
½ kilo de masa de maíz,
200 gramos de manteca de cerdo,
1 manojo de hojas
de plátano.

Ingredientes para el relleno:
1½ kilos de pescado
Bagre en trozo,
175 gramos de manteca,
hojas de acuyo

Ingredientes para la salsa:

½ kilo de tomate de bola (tomate verde),
½ cebolla grande,
3 dientes de ajo,
20 hojas de epazote,
chile verde al gusto,
1 cucharada de manteca y sal.

Manera de hacerse:

Se bate la manteca muy bien hasta que esponja, se agrega la masa y sal al gusto; se bate hasta que queda muy suave, para que se facilite embarrar las hojas de plátano. A las rebanadas de pescado se les pone sal, se dejan reposar ½ hora; los tomates se cuecen junto con los chiles, se muelen con la cebolla, ajos, epazote y sal; se les agrega ¼ de litro de agua, se fríe en la manteca hasta que forma una salsa espesa. A las hojas de plátano se les quita la vena que tienen en el centro, se lavan, se cortan en cuadros, se ponen a sancochar para que se suavicen y pierdan el color verde.

Manera de formar los tamales:

En cada cuadrito de hoja de plátano se pone una capa de masa muy delgada, enseguida una hoja grande de acuyo lavada, una rebanada de pescado en crudo, sobre la rebanada se pone una cucharada de salsa verde y una cucharadita de manteca, se cierra bien para evitar que se salga la salsa. Se cuecen al vapor o al horno no debiendo llevar agua al cocerse.

108. Tamales de calabaza con camarón

Sra. Juana Gutiérrez

Ingredientes:

1 kilo de harina de maíz,
350 gramos de manteca,
1 cucharadita de polvo de hornear,
hojas de plátano,
sal y pimienta.

Ingredientes para el relleno:

¼ de kilo de calabaza de casco cruda,
400 gramos de camarón seco,
1/8 de litro de aceite,
3 chiles en vinagre,
300 gramos de tomate (jitomate),
1 cebolla grande,
10 alcaparras,
20 aceitunas,
50 gramos de almendra,
50 gramos de pasitas,
6 dientes de ajo,
6 pimientas y sal.

Manera de hacerse:

A las hojas de plátano se les quita la vena mayor, se cortan cuadros, se pasan por la lumbre para que estén suaves y se puedan doblar los tamales; se bate la manteca, se le agrega la harina, el polvo de hornear, sal y el agua necesaria a formar una masa suave; se extiende un poco de la masa en las hojas de plátano, se le pone una cucharada de relleno a cada tamal; se doblan formándose los tamales y se cuecen a vapor durante una hora.

Manera de hacer el relleno:

En el aceite se frie la calabaza limpia y cortada en cuadritos, así como los camarones remojados en agua caliente y limpios, se agrega el tomate (jitomate) en crudo y picado, lo mismo que la cebolla y los dientes de ajo; cuando esta todo cocido se pone un cuarto de litro de agua, las pasas, las almendras peladas y picadas, las aceitunas, las alcaparras, sal y pimienta; se deja hervir hasta que reseca para ponerse en los tamales.

109. Otros tamales de calabaza con camarón

Sra. Carmen R. deGonzález

Ingredientes:

1 calabaza dura tamaño mediano,
½ kilo de camarón seco,

1 tomate grande (jitomate),
1 cebolla,
40 gramos de manteca de cerdo,
1 frasco chico de aceitunas,
1 lata chica de chiles en vinagre,
1 cucharada de azucar,
½ frasco de alcaparras,
3 dientes de ajo.

Ingredientes para la masa:
2 kilos de masa para tamales,
½ kilo de Manteca,
1 cucharadita de polvo de hornear,
hojas de plátano,
sal y pimienta.

Manera de hacerse:
En los 40 gramos de manteca se fríe la cebolla picada y el tomate (jitomate) molido con el ajo y las especies, se agrega la calabaza, pelada y picada, se sazona con sal, azucar y se le agrega medio litro de agua; cuando la calabaza está cocida, se le ponen los camarones ya pelados, las aceitunas, las alcaparras, los chiles cortados en rajitas y el jugo de la lata: se sazona con sal y pimienta y se deja hervir hasta que espese, se retira del fuego. A las hojas de plátano se les quita la vena del centro, se les asa para que se suavicen, se les pone en el centro un poco de la masa, que debe quedar extendida flojita, se pone en el centro un poco del relleno, se doblan y se cocen a vapor durante una hora.

Manera de hacer la masa:
Se bate la manteca, se le agrega la masa, el polvo de hornear y el agua necesaria a formar una masa suave, que se pueda extender bien en las hojas.

110. Zacahuil (Tamal Huasteco)

Sra. Blanca Estela C. de Suárez

Ingredientes de la masa:
3 kilos de masa media quebrada,
½ kilo de manteca,

2 kilos de carne de cerdo,
¼ de kilo de chile ancho,
3 tomates (jitomates),
1 cebolla,
sal y pimienta,
hojas grandes de plátano.

Manera de hacerse:
A las hojas de plátano se les quitan las venas del centro, se lavan y se asan para que se suavicen. Se tuesta el chile, las pimientas y unas pocas de las semillas del chile, se muelen con el tomate (jitomate) y la cebolla, se mezclan bien con la carne cruda, partida en trozos regulares, agregándole sal al gusto.

La masa se bate con la manteca y sal, se extiende sobre las hojas de plátano que estarán puestas unas sobre otras, se pone el relleno, se amarra formándose un tamal grande, se mete al horno de calor moderado, 300° durante cuatro horas. Se sirve caliente.

111. Tamales de elote (Cuiches)

Sra. Mireya V. de Acosta

Ingredientes:
6 elotes,
100 gramos de mantequilla,
125 gramos de pasitas,
azúcar al gusto,
las hojas del elote.

Manera de hacerse:
Se bate la mantequilla, se le agregan los elotes molidos en crudo, azúcar al gusto y las pasitas.

Previamente se sacan las hojas de elote con cuidado.

En esas hojas después de haberlas remojado un poco y escurrido, se pone un poco de la masa, se doblan formándose los tamales; se cuecen a vapor durante una hora.

112. Tamales de coco

Srita. Bertha Bautista

Ingredientes:

1 coco,
1 kilo de masa,
¼ de kilo de manteca,
400 gramos de azúcar,
1 cucharadita de polvo de hornear,
150 gramos de pasitas,
hojas secas de maíz.

Manera de hacerse:

Se parte el coco, se recoge el agua, se le quita la cascarita café y se ralla; se bate la manteca hasta que blanquea, se le agrega el azúcar y la masa, se sigue batiendo agregándole el agua de coco necesaria a formar una masa suave que al poner un poco de ella en un vaso de agua, flote en su superficie; se le agrega el polvo de hornear.

Las hojas de maíz se remojan, se escurren bien, se les pone un poco de la masa y unas pasitas, se doblan formándose los tamales y se cuecen a vapor durante una hora.

113. Tamales de piña

Sra. Carmen Q. deContreras

Ingredientes:

300 gramos de mantequilla,
¼ de kilo de azúcar,
1 piña tamaño regular,
hojas secas de maíz,
1 kilo de masa quebrada, o sea que no esté molida
4 cucharadas de polvo de hornear,

Manera de hacerse:

Se bate la mantequilla hasta que esponja, se agrega el azúcar, la masa, el polvo de hornear y la piña no muy molida; se ponen cucharadas de esta pasta en las hojas de maíz remojadas y escurridas, se doblan formándose los tamales; se cuecen a vapor durante una hora.

114. Atole de maíz de teja

Sra. Juana Gutiérrez

Ingredientes:

¼ de kilo de maíz de teja,
½ kilo de azúcar,
1 raja grande de canela,
3 latas grandes de leche Clavel,
¾ de litro de agua.

Manera de hacerse:

El maíz se tuesta en comal y se muele; la canela se tuesta y se muele junto con el maíz, se ciernen, se les agrega el azúcar, la leche y el agua: se pone a hervir a fuego lento para que quede bien cocido el maíz; debe quedar más bien ligero que espeso.

115. Atole de frijol

Sra. Ma. Antonia Alanis Vda. de Salazar

Ingredientes:

1 kilo de frijol negro,
½ kilo de piloncillo,
10 pimientas de Tabasco,
1 cucharada de ceniza.

Manera de hacerse:

Se pone a hervir el frijol con agua suficiente y la ceniza, hasta que se puede pelar; se retira y se le quita la cascarita negra y se vuelve al fuego para que se acabe de cocer y se deshaga. Por separado se pone al fuego el piloncillo y ½ litro de agua con las pimientas; mientras se está cociendo se espuma y cuando empieza a espesar se retira y se mezcla con el frijol; se deja dar solo unos hervores y se sirve luego.

116. Atole de malarrabia

Sra. Ma. Antonia Alanis Vda. de Salazar

Ingredientes:

¼ de kilo de masa de maíz,
½ kilo de piloncillo,
1 raja de canela,
500 gramos de plátanos,
50 gramos de manteca para freír los plátanos.

Manera de hacerse:

Se ponen al fuego dos litros de agua con el piloncillo y la canela; cuando se deshace bien el piloncillo se retira del fuego; ahí se deshace la masa y se vuelve al fuego, dejándose hervir hasta que la masa está bien cocida: entonces se agregan los plátanos cortados en rebanadas y fritos en mantequilla. Se deja hervir 5 minutos y se sirve.

117. Atole de ciruela roja

Sra. Ma. Antonia Alanis Vda. de Salazar

Ingredientes:

1 kilo de ciruela,
½ kilo de masa,
½ kilo de piloncillo,

Manera de hacerse:

Se pone al fuego el piloncillo con ½ litro de agua; cuando empieza a espesar se retira y se le agregan las ciruelas, se vuelve al fuego dejándose hervir hasta que las ciruelas se consuman.

La masa se deshace en 2 litros de agua, se pone al fuego moviéndose continuamente; cuando está bastante espesa se añaden las ciruelas y miel al gusto. Se deja en el fuego hasta que se le ve el fondo al cazo; entonces se pone en moldes y se deja enfriar; ya frío se mete al horno durante 10 minutos, para que siga secando; después se vacía de los moldes.

DULCES

118. Dulce de piña

Sra. Blanca Estela C. de Suárez

Ingredientes:

1 coco de tamaño regular,
1 kilo de azúcar.

Manera de hacerse:

Al coco se le quita la cascara y se parte en pedacitos; a la piña se le quita la cascara y el centro también, y se parte en pedacitos; se muelen ambas cosas, se les agrega el azúcar y se ponen al fuego moviendo constantemente hasta que se le ve el fondo al cazo, entonces se retira y se vacía al platón.

119. Cajeta de mamey

Srita. Angélica Dorbecker

Ingredientes:

3 litros de leche,
2 mameyes grandes,
1¼ de kilos de azúcar.

Manera de hacerse:

Se ponen al fuego la leche y el azúcar, moviéndose continuamente; cuando la leche espesa y toma color marfil, se le agrega elmamey molido y se sigue moviendo hasta que se le empieza a ver el fondo al cazo, entonces se retira y se vacía al platón.

Cajeta de avellana
Se hace de la misma manera, solo que en lugar de mamey se le pone ¼ de kilo de avellana molida en el molino de queso, y ¼ de kilo de dátiles picados.

Cajeta de nuez
Se hace comola cajeta de avellana, solo con ¼ de kilo de nuez y ¼ de kilo de dátiles picados.

120. Dulce de zanahoria

Sra. María del Rosario S. de Córdoba

Ingredientes:
2 frascos de miel Karo, 1 kilo de zanahoria.

Manera de hacerse:
A las zanahorias se les quita la cascara, se rallan, se exprimen muy bien para sacarles el jugo, y la zanahoria que se exprime se pone al fuego con ½ litro de agua; cuando se suaviza se retira del fuego y se vuelve a exprimir.

Se pone al fuego la miel Karo; cuando espesa se le agrega la zanahoria que se ha exprimido y se deja hervir hasta que hace ojos; se retira y se vacía al platón. Este dulce se puede hacer cuando se hace jugo de la zanahoria, pues así se aprovecha la pulpa que se ralla.

121. Dulce de papaya con piña

Sra. María Antonia Alanis Vda. de Salazar

Ingredientes:
1 papaya verde de 3 kilos de peso, 1 piña grande,
3 kilos de azúcar, 1 cucharada grande deceniza.

Manera de hacerse:
La papaya que debe estar verde se pela y se corta en pedazos de 10 cms. de largo por 5 de ancho; se pone al fuego en 3 litros de agua que tendrá la ceniza dejándose hervir 10 minutos, contándose desde que el agua suelta el hervor; pasado ese tiempo se retira y cuando enfría un poco se lava muy bien en agua fría. A la piña se le quita la cascara, se rebana y se pone a cocer; estando cocida se retiran las rebanadas, el agua se cuela y se le pone el azúcar; se vuelve al fuego. Cuando está hirviendo se pone la papaya y se deja hervir a fuego lento hasta que se conserve por dentro es decir, hasta que esté azucarada, se le agregan las rebanadas de piña para que también se conserven.

122. Queso de almendras estilo Tula, Tamaulipas

Sra. Juana Gutiérrez

Ingredientes:
½ kilo de almendra,
¼ de litro de agua,
¾ de kilo de azúcar granulada,
6 yemas,
3 flores de pastillaje o de almendra,
6 hojas de glass,
15 perlitas plateadas.

Manera de hacerse:
La almendra se pone a remojar la víspera de hacerse el dulce, se pela y se muele muy bien; se pone al fuego el azucar y el agua; cuando hierve se le quita la espuma y cuando tiene punto de bola dura, (el que se conoce cuando al poner un poco de la miel en agua, forme una bola de consistencia dura), se retira del fuego y se le pone la almendra molida, se bate muy bien, se vuelve a fuego muy suave, se le ponen las yemas batidas a punto de cordon; no se deja de menear porque se pega muy fácilmente. Cuando ya despega del cazo y forma como una bola, se retira del fuego; estando

todavía caliente, se vuelve a moler en el metate y con las manos mojadas se pone en el molde que estará mojado de agua fría, lo mismo que la tabla en donde se va a vaciar; se aprieta bien para que tome la forma, se vacía a la tablita. Al siguiente día se decora con las flores, las hojas y las perlitas.

NOTA: Dura hasta tres meses sin descomponerse.

123. Gelatina de leche

Sra. Mireya Herrera deAcosta

Ingredientes:

1 litro de leche,
1 taza de azúcar,
3 huevos,
1 cucharadita de esencia de vainilla,
35 gramos de grenetina Oro,
¼ de litro de crema fresca del día,
100 gramos de azúcar glass,
1 cucharadita de esencia de vainilla, para la crema.

Manera de hacerse:

Se pone a hervir la leche; cuando empieza a hervir se aparta una taza y ahí se ponen las hojas de grenetina, las que se ponen un ratito en baño de maría para que se desbaraten bien; a la leche hervida se le agregan el azúcar y las yemas disueltas en un poco de leche fría, se cuela y se vuelve al fuego; se agrega la grenetina desbaratada y se deja solo unos momentos para que no se corte la leche. Se retira del fuego y se le agrega la esencia de vainilla y las claras batidas a punto de turrón; se vacía a un molde grande o moldes chicos mojados de agua fría y se ponen a cuajar en el refrigerador o entre hielo; cuando cuajan se meten un momento en agua caliente para vaciarse al platón. Al momento de servirse se cubren con la crema que se habrá batido entre hielo, y se le habrá agregado el azúcar glass y la vainilla.

124. Pechugas de angel

Srita. Guadalupe Herrera

Ingredientes:

4 pechugas de pan de huevo,
1 kilo de azúcar,
1 copa de ron,
100 gramos de mantequilla,
1 raja de canela,
3 huevos.

Manera de hacerse:

Se rebanan las pechugas y se untan de un lado de mantequilla. Se baten las claras a punto de turrón y se les agregan las yemas batidas a punto de listón; se unta un molde de mantequila, se forra el molde de papel encerado, se vacía la mitad del huevo a forrar el molde, se acomoda el pan en capas a llenar el molde, procurando quede bien apretadito.

Se pone al fuego el azúcar, la canela y ¼ de litro de agua; cuando forma una miel ligera se retira la mitad de esta miel se vacía sobre el pan, se cubre con el huevo restante y se mete a horno de calor suave, 300°, durante 30 minutos; ya que cuaja se saca del horno, se vacía al platón; se le quita el papel. Con mucho cuidado se baña con la miel restante a la que se le agrega el ron.

REPOSTERIA

125. Pemoles de Altamira

Sra. Lucina M. deCoronado

Ingredientes:

1 kilo nexarina o harina de maíz,
250 gramos de manteca de puerco,
200 gramos de queso añejo,
250 gramos de manteca de res,
630 gramos de piloncillo blanco o moreno,
2 huevos,
un poco de café negro si es necesario.

Manera de hacerse:

Las dos mantecas se baten muy bien, como para tamales; se les agregan los huevos, el queso molido, el piloncillo molido en el metate o rallado, por ultimo se agrega la harina; si queda reseca se agrega un poco de café negro: se forma una masa con la que se hacen unas rosquitas, se les hacen unos adornitos con las yemas de los dedos, se colocan en latas engrasadas y se cuecen a horno caliente de 400°.

126. Galletas cochinitos

Sra. Gabriela P. de Martínez

Ingredientes:

1 kilo de harina,
250 gramos de manteca Lirio,
250 gramos de piloncillo,
1 cucharada de bicarbonato,
1 rajita de canela.

Manera de hacerse:

La harina se mezcla con la manteca, se revuelve hasta que parezca harina de maíz. El piloncillo se pone al fuego con poquita agua a hervir y con la canela; cuando se hace una miel clara, se saca del fuego y se le pone el bicarbonato: con esta miel se amasa la harina hasta que quede suave; se extiende con el palote de modo que quede delgadita, y se cortan las galletas con cortador en forma de cochinito u otros animalitos. Se colocan en latas engrasadas y se cuecen a horno de calor regular, 350°.

127. Otra receta de cochinitos

Sra. Lucina M. de Coronado

Ingredientes:

500 gramos de harina,
1 raja de canela,
1 cucharada de polvo de hornear,
175 gramos de manteca de puerco,
¼ de litro de agua,
175 gramos de piloncillo,
1 cáscara de naranja.

Manera de hacerse:

El agua, el piloncillo, la canela y la cascara de naranja, se ponen a la lumbre a que hiervan durante 10 minutos; después se cuelan. La harina se cierne con el polvo de hornear, la raspa se mezcla con la manteca y con la miel; se forma una pasta que se extiende con el palote a que quede delgada como de ¾ de centímetro, se cortan los cochinitos con molde especial, se barnizan con agua y se colocan en latas engrasadas y se cuecen a horno de calor regular, 350°.

128. Tapa bocas

Sra. Gertrudis B. deVargas

Ingredientes:

500 gramos de harina,
125 gramos de azúcar granulada,
½ cucharadita de bicarbonato,
una poca de leche,

175 gramos de azúcar glass para espolvorear,
1 huevo,
250 gramos de manteca vegetal Lirio,
1 cucharadita de canela molida.

Manera de hacerse:
Se bate la manteca con el azúcar y el huevo, se agrega poco a poco la harina cernida con el bicarbonato, se forma una masa suave agregándole, si es necesario, una poca de leche.

Se hacen pequeñas bolitas, se colocan en latas engrasadas y se cuecen a horno de calor regular, 350°.

Ya cocidas se revuelcan en el azúcar glass, mezclado con la canela molida.

129. Chancacudas

Srita. Cecilia Fernández del Castillo

Ingredientes:
500 gramos de harina,
200 gramos de manteca vegetal INCA,
2 cucharaditas de polvo de hornear,
2 huevos,
½ piloncillo suave (250 gramos),
½ cucharadita de sal,
¼ de vaso de leche,
una punta de cucharadita de carbonato.

Manera de hacerse:
Se cierne la harina con el polvo de hornear, el carbonato y la sal; se hace una fuente con la harina y allí se pone el piloncillo raspado de manera que quede con pedacitos; se le agregan los huevos y la manteca; después se baten y se juntan con la harina a que se impregne toda; se le añade la leche y se amasa. Ya que forma una pasta se extiende en latas engrasadas a que quede una capa de ½ centímetro de espesor, se hornea a horno de calor regular, 350°. Al sacarse del horno estando caliente se corta en cuadritos.

130. Galletas de mantequilla

Sra. C. Artemisa M. de Etienne

Ingredientes:

200 gramos de mantequilla,
½ taza de nuez molida,
1¾ de taza de harina,
1 taza de maizena,
1 taza de azúcar,
3 huevos,
1 cucharada de polvo de hornear.

Manera de hacerse:

Se acrema la mantequilla, se le agrega el azúcar, se sigue batiendo hasta que se pierda el grumo del azúcar; se agrega la nuez molida, los huevos uno a uno, y por ultimo la harina y la maizena cernida con el polvo de hornear; se forman bolitas sobre la tabla enharinada, se colocan en latas engrasadas y se cuecen a horno de calor regular, 350°.

131. Trenzas de canela

Sra. Celia Gallegos deMuguruza

Ingredientes:

50 gramos de mantequilla,
2 tazas de harina,
3 cucharaditas de polvo de hornear,
4 cucharadas de azúcar,
3 cucharadas de leche,
2 huevos,
una puntita de sal,
100 gramos de azúcar para espolvorear,
1 cucharada de canela molida.

Manera de hacerse:

Se cierne la harina con el polvo de hornear, se le agrega el azúcar y la sal; con una cuchara y un tenedor se incorpora la mantequilla y por ultimo, se añaden los huevos mezclados con la leche. Se forma una pasta como la de los bisquets, se toman porciones, se forman unos palitos con la mano, se doblan a la mitad y se tuercen formando las trenzas.

En un plato se pone el azúcar mezclado con la canela, se colocan las trencitas por la parte de arriba, para que se llenen de azúcar y canela. Se ponen en latas engrasadas y se cuecen a horno de calor regular, 350°.

132. Buñuelos de queso

Srita. Guadalupe Herrera

Ingredientes para los buñuelos:

3 huevos,
500 gramos de queso blanco molido,
3 cucharadas de harina,
1 cucharadita de polvo de hornear,
¼ de litro de aceite.

Ingredientes para la miel:

400 gramos de piloncillo,
1 taza de agua.

Manera de hacerse:

Se baten las claras a que esponjen, se agregan las yemas y se baten hasta que tomen punto de listón, se agrega el queso molido con una cuchara, lo mismo que la harina cernida con el polvo de hornear; se hacen bolitas, se fríen en el aceite y se vacían a la miel.

Manera de hacer la miel:

Se pone al fuego el piloncillo con el agua dejándose hervir hasta que espesa un poco.

133. Chichimbre (Pan corriente)

Sra. Juana Gutiérrez

Ingredientes:

¾ de kilo de harina,
1 piloncillo obscuro,
¼ de kilo de manteca Lirio,
¼ de litro de agua,
1 cucharada de carbonato,
1 raja grande de canela.

Manera de hacerse:
Se ponen al fuego el agua, el piloncillo y la canela; cuando suelta el hervor se retira, se deja enfriar; estando tibia, se le agrega el carbonato y se cuela. La manteca se bate con la mano, se le agrega la miel, se revuelve bien y por ultimo se añade la harina cernida; debe quedar una pasta no muy suelta, más bien un poco dura. Se vacía a una charola de horno engrasada y se extiende con la mano, procurando quede parejita y cubra bien la charola; se cuece a horno de calor regular, 350°. Al salir del horno se parte en cuadros.

134. Pan de pueblo viejo

Sra. María Antonia Alanis Vda. de Salazar

Ingredientes:

2 kilos de harina,
½ kilo de azúcar,
¼ de kilo de manteca,
¼ de paquete de levadura comprimida,
4 huevos,
2 cucharaditas de polvo de hornear,
⅛ de litro de crema fresca del día,
un poco de leche.

Manera de hacerse:
La levadura se disuelve en ¼ de litro de agua tibia, se le agrega

un poco de los dos kilos de harina para formar una masa suave; se deja reposar para que esponje. Se derrite la manteca, se le pone el azúcar, los huevos, el polvo de hornear y la crema, se agrega la levadura ya esponjada, la harina restante y la leche necesaria a formar una masa suave; se deja reposar para que vuelva a esponjar; entonces se hacen las tortas, se coloca en latas engrasadas y cuando esponjan, se cuecen a horno de calor regular, 350°.

135. Semitas

Sra. Mireya H. de Acosta

Ingredientes:

21 tazas de harina,
4 tazas colmadas de manteca de cerdo,
4 huevos,
100 gramos de mantequilla,
⅓ parte de un paquete de levadura comprimida,
200 gramos de queso fresco,
1 kilo de piloncillo blanco,
1 cucharadita de sal.

Manera de hacerse:

Se disuelve la levadura en 1½ tazas de agua tibia, se le agregan 3 tazas de harina, se tapa y se deja cerca de la lumbre hasta que levante el triple o cuadruple de su tamaño; entonces se le agregan los huevos. Aparte se baten con la mano, la manteca y la mantequilla; cuando están bien batidas se mezclan con los huevos y la levadura agregando 2 tazas de agua tibia y la sal, así como 18 tazas de harina amasándose para que junte bien. Por ultimo se agrega el queso molido y el piloncillo picado o machacado; se vuelve a amasar hasta que quede muy bien incorporado todo, sin quedar la masa vateada por el piloncillo.

Se foman las semitas en forma de óvalo poniendo dos en cada hoja de horno; se dejan reposar para que esponjen un poco y se cuecen a horno de calor regular 350 grados.

136. Pie de calabaza

Sra. Sara Bolado de Cruz

Ingredientes para la pasta:

170 gramos de harina,
75 gramos de manteca vegetal,
½ cucharadita de polvo de hornear,
½ cucharadita de sal,
agua helada.

Ingredientes para el relleno:

2½ tazas de calabaza,
1 taza de azúcar,
3 huevos,
1 cucharadita de sal,
1½ cucharadita de canela,
¾ de cucharadita de Ginger,
½ cucharadita de Allspice,
1½ tazas de crema fresca del día.

Manera de hacerse:

Se mezcla la harina con el polvo de hornear, la sal, la manteca y el agua fría necesaria a formar una pasta que se extiende con el rodillo dejándose del grueso de ½ ctms.; con ella se forra un molde de pie o plato de horno, se pica con el tenedor para que no esponje y se mete al horno de calor regular 350 grados; cuando está cocido se retira y se le pone la mezcla de la calabaza; se vuelve al horno de calor regular 350 grados hasta que cuaja el relleno, se retira. Se puede server caliente o frío.

Manera de hacer el relleno:

La Calabaza se hornea entera durante ½ hora, después se muele, se miden las 2½ tazas y se mezcla con el azúcar, la sal, las especies y la crema; se pone en la pasta para volverse a hornear.

137. Pie de frutas

Sra. Annie Whaley deGuerrero

Ingredientes para la pasta:

200 gramos de harina,
120 gramos de manteca vegetal,
½ cucharadita de sal,
agua helada la necesaria,

Ingredientes para el relleno:

1 lata de cocktail de frutas o macedonia en almibar,
1½ tazas de agua,
150 gramos de azúcar,
3 cucharas copeteadas de maizena,
¼ de litro de crema fresca del día,
15 malvaviscos,
¼ de taza de leche,
½ cucharadita de vainilla.

Manera de hacer la pasta:

Se cierne la harina con la sal; con la punta de los dedos, se le pone la manteca; cuando la mezcla se ve arenosa, se le agrega rápidamente el agua helada necesaria a formar una masa suave, procurando tocarla lo menos posible con la mano; se extiende esta pasta con el rodillo dejándose del grueso de 1 ctm., con ella se forra un molde de pie, se le pone encima un papel de estraza y frijoles crudos. Se mete al horno de calor regular 350 grados; cuando está completamente frío se le quitan el papel y los frijoles, se rellena con el relleno preparado de la siguiente manera:

Se apartan las cerezas que trae la fruta, se escurren muy bien las frutas, la miel se pone al fuego con el agua y el azúcar; cuando suelta el hervor se agrega la maizena, disuelta en agua fría, se mueve constantemente hasta que espesa, entonces se le agregan las frutas, se retira del fuego, se vacía a la pasta que ya estará fría y se mete al refrigerador para que enfríe muy bien. Se pone al fuego la leche y los malvaviscos; cuando éstos se disuelven se retira del fuego y se deja enfriar, se vacían sobre la crema que estará ligeramente batida sobre hielo, y al ultimo se pone la vainilla. Se vacía esta crema sobre el pie, se decora con las cerezas que se apartaron, se mete al refrigerador y se sirve bien frío.

BEBIDAS

138. Crema de ciruela

Srita. Magos

Ingredientes:

½ kilo de ciruela pasa,
1½ kilos de azúcar granulada,
½ kilo de azúcar quemada,
1 litro de alcohol de 96 grados,
¼ de litro de jugo de limón,

Manera de hacerse:
Las ciruelas se lavan, se abren a la mitad, se les deja el hueso, se ponen en una olla con el jugo de limón con todas sus pepitas; el kilo y ½ de azúcar y 5 litros de agua, se ponen al fuego, se machacan con una cuchara las ciruelas hasta que se deshacen y se deja hervir hasta que el agua se consume a la mitad; entonces se le agrega el otro ½ kilo de azúcar que estará quemada dejándole color caramelo al gusto.

Se saca del fuego, se cuela en un lienzo y al siguiente día se le agrega el alcohol y se embotella.

139. Refresco de frutas secas

Sra. Lucía S. de Díaz Infante

Ingredientes:

8 ciruelas pasas,
8 dátiles sin hueso remojados,
8 higos secos remojados,
2 cucharadas de pasitas remojadas,
50 gramos de cerezas,
azúcar al gusto.

Manera de hacerse:
Las ciruelas se lavan, se les hacen dos cortes y se ponen a remojar en ½ litro de agua, después se ponen a cocer, se retiran del fuego; cuando están frías se les quita el hueso, se ponen en la licuadora con el agua en que se cocieron los higos remojados sin las puntitas, los dátiles y pasitas remojadas, se agrega agua hasta llegar a ¾ de litro; se muele todo en la licuadora, se le agrega azúcar si se desea; se pone a helar. Se sirve en copas, las que se adornan clavándoles en el filo una cereza.

140. Sangría tampiqueña

Srita. Antonia Terrones

Ingredientes:
½ litro de jugo de naranja,
½ litro de jugo de betabel,
½ litro de jugo de zanahoria,
2 cucharadas grandes de salsa Búfalo,
1 cucharadita de azúcar,

Manera de hacerse:
Se mezcla todo muy bien y se sirve frío.

RECETAS de cocina y repostería moderna

Josefina Velázquez de León

Dedicadas a todas las alumnas del Estado de Tamaulipas

141. Cocktail de jaiba

Ingredientes:

6 jaibas,
¼ de litro de salsa tomate Catsup,
⅛ de litro de mayonesa,
3 cucharadas de jugo de limón,
½ cucharada de chile piquín en polvo,
2 cucharadas de salsa Perrins,
⅛ de litro de vino blanco,
6 limones para adorno,
350 gramos de galletas de soda o palitos de queso.

Manera de hacerse:

Las jaibas ya cocidas se limpian y se desmenuza muy bien su carne; la mayonesa se mezcla con la salsa tomate y la salsa Perrins agregándoles el jugo de limón, el vino, el polvo de chile piquín, sal y las jaibas desmenuzadas; se sazona con sal y se pone en el refrigerador o entre hielo una hora antes de servirse.

Se sirve en copas cockteleras adornándose con rebanadas de limón y acompañándose con las galletitas o con palitos de queso.

142. Bocadillos de camarón

Ingredientes:

24 rebanadas de pan de caja cortadas en forma redonda,
6 cucharadas de mayonesa,
150 gramos de queso gruyere,
250 gramos de camarón fresco,
75 gramos de aceitunas,
125 gramos de mantequilla para el pan.

Manera de hacerse:

Las ruedas de pan se untan de mantequilla y se doran en el horno, los camarones ya cocidos se pican finamente, lo mismo las aceitunas, se mezclan con la mayonesa, se sazonan con sal y pimienta; con esta mezcla se untan las rebanadas de pan ya doradas, se cubren con una capa gruesa de queso rallado, se meten a horno de calor regular 350 grados; cuando se funde el queso se sirven inmediatamente.

143. Sopa de langosta

Ingredientes:

75 gramos de mantequilla,
50 gramos de harina,
2 litros de leche,
350 gramos de langosta fresca ya cocida,
2 yemas,
2 cucharadas de perejil picado,
75 gramos de pan,
40 gramos de manteca para freir el pan,
1 cebolla,
nuez moscada, sal y pimienta.

Manera de hacerse:

50 gramos de carne de langosta, se muelen con la cebolla y se deshacen en la leche. En la mantequilla se fríe la harina; antes de que dore se agrega la leche con la langosta molida, se sazona con sal, pimienta y nuez moscada; cuando empieza a espesar se agrega la carne de la langosta desmenuzada y el perejil picado; se deja dar

unos hervores para que se sazone y fuera del fuego ya para servirse, se le agregan las yemas ligeramente batidas, mezcladas con un poco de leche y el pan cortado en cuadritos y frito en manteca.

144. Sopa regia de huachinango

Ingredientes:

300 gramos de huachinango,
2 zanahorias,
1 tallo de apio,
1 cebolla,
50 gramos de mantequilla,
40 gramos de harina,
¼ de litro de crema fresca del día,
3 yemas,
8 cucharadas de vino blanco,
1 limón,
yerbas de olor, sal y pimienta.

Manera de hacerse:

Se ponen al fuego 2 litros de agua con las yerbas de olor, la cebolla rebanada, 3 pimientas gruesas y sal; cuando suelta el hervor se le pone el pescado, dejándose hervir a fuego suave, hasta que esté bien cocido, entonces se retira el pescado, se desmenuza y se aparta: las zanahorias se acaban de cocer y el caldo se cuela. En la mantequilla se fríe la harina; antes de que dore se le va poniendo el caldo de pescado colado poco a poco, el tallo de apio rebanado fínamente, sal y pimienta; cuando empieza a espesar se agrega el pescado ya cocido y desmenuzado, el vino y las zanahorias finamente picadas. Se deja dar unos hervores, se retiran y se le agregan ya fuera del fuego, las yemas mezcladas con la crema y unas gotas de limón.

145. Exquisitas empanadas de jaiba

Ingredientes para la pasta:

300 gramos de harina,
1 cucharadita de sal,
¼ de litro de aceite para freír,
⅛ de litro de jugo de naranja,
⅛ de litro de aceite,
1 lechuga.

Ingredientes para el relleno:

4 cucharadas de aceite,
1 cebolla,
¼ de kilo de tomate (jitomate),
2 pimientos morrones,
sal y pimienta,
¼ de kilo de jaiba despicada,
100 gramos de aceitunas,
1 cucharada de perejil picado.

Manera de hacerse:

Se mezclan el aceite y el jugo de naranja; la harina se cierne con la sal, se le va mezclando poco a poco la mezcla del jugo de naranja y aceite, se forma una pasta suave, se deja reposar ½ hora; pasado ese tiempo se extiende con el rodillo dejándose lo más delgado posible. Se cortan ruedas con cortador rizado, se les pone en el centro un poco de relleno, se forman las empanadas, se fríen en aceite, se sirven muy calientes adornando el platón con hojas de lechuga.

Manera de hacer el relleno:

En el aceite se fríe la cebolla picada; cuando está acitronada se le pone el jitomate picado; cuando reseca se pone la jaiba, los pimientos picados, las aceitunas y perejil picados, sal y pimienta; se deja hervir hasta que se sazona y forma un relleno espeso; cuando enfría un poco se pone en las empanadas.

146. Camarones en salsa royal

Ingredientes:

1 kilo de camarones frescos ya cocidos,
6 huevos cocidos,
2 yemas de huevo crudas,
1 cucharada de mostaza,
1 diente de ajo,
2 cucharadas de vinagre,
6 cucharadas de aceite de olivo, sal, cayena al gusto,
2 hojas de laurel,
6 pimientas gruesas,
1 lechuga grande,
100 gramos de aceitunas rellenas.

Manera de hacerse:

Los camarones cocidos se colocan en el platón sobre la lechuga picada, se cubren con la salsa y con las claras cocidas, finamente picadas, se adorna con las aceitunas.

Manera de hacer la salsa:

Las claras de los huevos cocidos se pican finamente y se apartan para adornar, las yemas cocidas se pasan por un colador, se les agrega la mostaza, el vinagre, el diente de ajo finamente picado, sal y pimienta; ya que están incorporados todos estos ingredientes, se va poniendo el aceite gota a gota y batiendo mucho al incorporarlo, entonces se agregan las yemas crudas y por ultimo el jugo de limón. Si no se mezcla bien la salsa se puede cortar. Ya bien batida se pone sobre los camarones.

147. Cazón a la campechana

Ingredientes:

500 gramos de cazón tierno,
500 gramos de jitomate,
1 cebolla cabezona grande,
2 ramas de epazote,
1 cucharada grande de manteca,
1 chile guero,
1 cucharadita de chile piquín en polvo,

Manera de hacerse:
Se pone al fuego ½ litro de agua con sal y una rama de epazote; cuando suelta el hervor se agregan las rebanadas de cazón que se habrán lavado muy bien y el jitomate lavado; cuando el jitomate está ya cocido y antes de que revienten se sacan del agua y se muelen.

Cuando el cazón está cocido se retira del fuego y se le quita el pellejo que tiene y se lava muy bien. En la manteca se fríe la cebolla rebanada en grueso, el epazote y el chile; cuando están muy bien fritos se añade el jitomate, el polvo de chile piquín y sal. Cuando espesa se le ponen las rebanadas de cazón y el caldo en que se coció; se deja hervir un poco para que se sazone y espese más la salsa; se retira del fuego, se le quita el chile y se sirve muy caliente.

148. Sábalo con salsa ayoli

Ingredientes:
1 kilo de pescado sábalo,
2 limones,
¼ de litro de vino blanco,
3 hojas de laurel,
2 ramas de tomillo,
2 ramas de mejorana,
1 cebolla.

Ingredientes para la salsa y adorno:
1 taza de mayonesa,
1 diente de ajo,
½ cucharadita de agua,
2 papas grandes redondas,
2 huevos cocidos,
100 gramos de aceitunas rellenas,
1 cucharadita de perejil picado,
sal y pimienta.

Manera de hacerse:
El Sábalo se parte en trozos largos, se lava muy bien, se ponen durante una hora en un litro de agua, con el jugo de los limones y una cucharada de sal; ese tiempo se pone a cocer en un litro de agua que ya estará hirviendo con el vino, el aceite, la cebolla rebanada,

las yerbas de olor, sal y pimienta y un pedacito de cascara de limón; ya que están cocidos se retiran los trozos de pescado con una espumadera, se colocan en el platón y se cubren con la salsa y el perejil picado; en la orilla del platón se pone una hilera de rebanadas de papa colocando encima de cada una, una de huevo cocido y una aceituna; la mayonesa ya batida se vuelve a batir durante 1 minuto con el diente de ajo machacado con la ½ cucharadita de agua, se mezcla muy bien y se pone sobre el pescado.

149. Hueva fresca en ensalada

Ingredientes:

1 hueva de lisa o bobo,
2 hojas de aguacate,
3 hojas de elote frescas,
1 cebolla,
5 cucharadas de aceite,
3 cucharadas de vinagre,
1 cucharadita de mostaza,
2 pimientos morrones,
100 gramos de aceitunas,
30 gramos de alcaparras,
1 lechuga,
1 cucharada de salsa inglesa,
sal y pimienta.

Manera de hacerse:

La hueva se lava muy bien, se envuelve en las hojas de aguacate y en las de elote y se cuece a vapor; ya cocida y fría se rebana y se coloca en un platón y se cubre con lo siguiente:

Se pican la mitad de las aceitunas, las alcaparras, la mitad de los pimientos, la cebolla y se agrega el aceite, el vinagre, la mostaza, la salsa inglesa, sal y pimienta; con esto se cubren las rebanadas de hueva, se adornan con las aceitunas que se apartaron, con tiritas de pimientos y las hojas de lechuga.

150. Lenguado en salsa de vino blanco

Ingredientes:

8 filetes de lenguado de
150 gramos de peso cada una,
5 cucharadas de aceite,
2 cebollas,
1 limón,
50 gramos de mantequilla,
35 gramos de harina,
12 camarones,
12 ostiones frescos,
¼ de litro de vino blanco,
30 gramos de pan molido,
50 gramos de queso gruyere,
50 gramos de mantequilla
para gratinar,
sal y pimienta.

Manera de hacerse:

Los filetes se lavan muy bien, se ponen en una charola de horno engrasada, con el aceite, las cebollas rebanadas, el jugo de 2 limones, sal y pimienta, y ¼ de litro de agua; se meten a horno de calor regular, 350 grados. Ya que están cocidos se retiran, se colocan en un platón refractario, el jugo se cuela, en la mantequilla se fríe la harina; antes de que dore se agrega ¼ de litro de jugo en que se coció el lenguado, los ostiones, camarones, se añade el vino, el jugo de los ostiones, sal y pimienta; se deja hervir hasta que forma una salsa espesa, se vacía sobre los filetes, se espolvorean con el pan molido y con el queso rallado, se les ponen trocitos de mantequilla y se meten a horno de calor regular, 350°; cuando toma un bonito calor dorado se sirve inmediatamente.

151. Coco relleno de mariscos

Ingredientes:

1 coco tierno de tamaño regular,
250 gramos de camarón fresco,
250 gramos de jaiba despicada,
3 docenas de ostiones,

1 lata de abulón,
2 tomates (jitomates),
½ taza de cebolla picada,
½ taza de pan molido,
½ taza de aceite de olivo,
½ taza de vino blanco,
1 taza de agua de coco,
1 cucharada de perejil picado,
1 limón grande,
1 cucharada de azúcar,
sal.

Manera de hacerse:
Al coco se le deja la estopa, solo se le corta la parte de arriba con serrucho a formarle como una tapa, se le saca el agua y se mide una taza; el coco se ahueca con cuidado, la pulpa se pica fínamente. En el aceite se fríen los mariscos sin que se cuezan completamente se sacan escurriéndose muy bien, se fríe en el aceite en que se frieron los mariscos, la pulpa del tomate (jitomate) se agrega el perejil, el jugo de limón, azúcar y sal al gusto, el vino y el agua de coco; se deja hervir para que se sazone bien y se consume un poco, entonces se le ponen los mariscos; cuando da un hervor se retira del fuego se le agrega el pan molido y la pulpa del coco picada. Se vacía dentro del coco y se mete al horno de calor regular, 350°, durante 30 minutos y se sirve en el mismo coco poniéndole la tapa.

152. Postre de papaya, piña y almendra

Ingredientes:
500 gramos de papaya sin cáscara,
400 gramos de piña,
800 gramos de azúcar,
150 gramos de almendra,
30 gramos de pasitas sin semilla,
30 gramos de nuez.

Manera de hacerse:
La piña se muele y se cuela; la papaya se muele, se mezcla con la almendra molida y el azúcar, se pone al fuego y cuando empieza

a espesar se añade el jugo colado de la piña y dejándose hervir a fuego suave hasta que se le empieza a ver el fondo al cazo, entonces se retira, se vacía al platón, se adorna con las nueces y las pasitas.

153. Cocada

Ingredientes:

1 coco grande,
300 gramos de azúcar,
½ litro de leche,
4 yemas,
1 raja de canela,
30 gramos de mantequilla,

Manera de hacerse:

Se pone al fuego el azúcar, la canela y ⅛ de litro de agua; cuando suelta el hervor, se pone el coco mondado y rallado; cuando el coco se ve transparente, se agregan las yemas disueltas en la leche, se deja hervir sin dejar de moverse, hasta que empieza a ver el fondo del cazo, se retira.

Se vacía a un platón refractario; cuando enfría se le pone la mantequilla en trocitos y se mete al horno a 350° de calor; cuando dora se retira. Se puede servir caliente o frío.

154. Palitos de fruta

Ingredientes:

200 gramos de harina,
80 gramos de azúcar pulverizada,
½ cucharadita de polvo de hornear,
1 huevo,
2 yemas,
100 gramos de mantequilla,
50 gramos de nuez,
50 gramos de cerezas,
50 gramos de coco rallado,
1 yema para embetunar.

Manera de hacerse:
Se cierne la harina con el azúcar y el polvo de hornear, se incorpora el huevo y las yemas; con la punta de los dedos se agrega la mantequilla, el coco rallado, picado finamente, lo mismo que la nuez y las cerezas picadas.

Cuando forma una pasta se hacen los palitos de 10 cm. de largo y del grueso de ½ centímetro. Se colocan en latas engrasadas, se embetunan de yema y se cuecen a horno de calor regular, 350°.

155. Pastel de coco

Ingredientes:
150 gramos de mantequilla,
250 gramos de azúcar,
300 gramos de harina,
⅛ de litro de leche,
5 huevos,
50 gramos de coco rallado,
1 naranja,
1 cucharadita de levadura.

Ingredientes para el adorno:
100 gramos de coco rallado,
un poco de alcohol,
1 lata de mermelada,
unas flores de glass.

Manera de hacerse:
Se bate la mantequilla con el azúcar, se agregan las yemas una a una, el coco rallado y picado, el jugo de la naranja y un poco de raspadura, la harina cernida con la levadura alternándose con la leche y por ultimo las claras batidas a punto de turrón.

Se vacía a 2 moldes de 22 centímetros de diámetro por 5 de altura engrasados y enharinados; se cuecen a horno de calor regular, 350°.

Ya cocidos se unen los dos panes con la mermelada, se untan de mermelada y se les pone el coco pintado de rosa, con alcohol y color vegetal rosa; se adorna poniéndole en el centro las florecitas de glass.

Índice

Printed by Books on Demand GmbH, Norderstedt / Germany